水産学シリーズ

150

日本水産学会監修

養殖海域の環境収容力

古谷　研・岸　道郎
黒倉　寿・柳　哲雄　編

2006・3

恒星社厚生閣

ま え が き

　過密養殖や過剰給餌による環境負荷が，いわゆる水域の自然浄化力を越えて養殖漁場の悪化を招き，生産性の不安定化や低下する事例が知られるようになって久しい．こうした事態に対処して養殖業の生産性維持に努めるため1999年に「持続的養殖生産確保法」が制定され，健全な海面養殖業の発展が図られている．海面養殖は，特定の区画における魚介類育成の営みであり，同じく管理された区画における食料生産活動である農耕や牧畜と対比されるが，環境インパクトという点では両者は異なっている．第1に，空間的な区画は海面養殖ではあまり意味をもたない．田畑や牧場では区画内に土壌が保持されるのに対して，水の流動に伴い汚濁負荷は養殖場に留まらず周辺域に及ぶ．したがって，環境インパクトは養殖場ばかりでなくその影響を受ける周辺域も含めて考えなければならない．第2に，沿岸域や内湾域では漁獲漁業や交通，観光など様々な海域利用の利害と場を共有しているため，環境インパクトの影響評価は単に養殖生産だけを見るのでは不十分である．さらに海洋は人類の生存に不可欠な種々の生態系サービスを提供しており，それらを損なうことなく養殖生産を維持することが求められる．

　このように海洋環境を保全し，そこでの生態系サービスを享受しながら養殖生産を維持し，発展させていくためには，物質循環を理解して，適切な養殖規模と方法を策定することが必要である．沿岸域では陸域からの負荷を受けるために状況は単純ではない．そのような観点のもとに，日本水産学会水産環境保全委員会は平成17年度春季大会において，環境収容力をキーワードにして様々な立場から海面養殖のあり方を探ることを目的としてシンポジウム「養殖海域の環境収容力評価の現状と方向」を開催した．

養殖海域の環境収容力評価の現状と方向
　企画責任者：古谷　研（東大院農）・岸　道郎（北大院水）・
　　　　　　　黒倉　寿（東大院農）・柳　哲雄（九大応力研）

開会の挨拶　　　　　　　　　　　　　　　　　広石伸互（福井県大）

		座長	日野明徳（東大院農）
1.	環境収容力とはなにか		古谷　研（東大院農）
2.	海域での研究から：広島湾		柳　哲雄（九大応力研）
3.	海域での研究から：五ヶ所湾		阿保勝之（養殖研）
4.	海域での研究から：大槌湾		高木　稔（岩手水技セ）・
			小橋乃子（東大院農）
5.	海域での研究から：陸奥湾		吉田　達（青森水総研セ）
		座長	小河久朗（北里大水）
6.	物理－生態系モデルによる環境収容力評価		岸　道郎（北大院水）
7.	東南アジアで環境収容力を考える		黒倉　寿（東大院農）
8.	環境収容力拡大の試み：陸からの物質流入		山本民次・橋本俊也
			（広大院生物圏）
9.	環境収容力拡大の試み：人工湧昇		高橋正征（高知大院黒潮）
10.	漁場保全関連政策の現状や展望		長畠大四郎（水産庁）

	座長	古谷　研（東大院農）
総合討論		岸　道郎（北大院水）
		黒倉　寿（東大院農）
		柳　哲雄（九大応力研）
閉会の挨拶		今井一郎（京大院農）

　本書はこのシンポジウムの内容をとりまとめたものである．「養殖海域」は聞き慣れない言葉かもしれないが，上記のように養殖活動の環境インパクトを受ける海域として，養殖場とその周辺域を含めた海域を指している．現在，環境収容力として何を尺度にすればよいのか定型はなく，各研究者がそれぞれの立場から取り組んで，方向性を模索している段階である．こうした活動から，これからの海面養殖のあり方が明確になっていくことを期待したい．

　終わりに，本シンポジウムの開催ならびに本書の出版にあたり，様々なご高配を賜った日本水産学会の関係各位ならびに恒星社厚生閣の担当各位，活発な議論と貴重なご意見を頂いたシンポジウム参加者各位に編者を代表して厚く御礼を申し上げる．

　　　平成18年1月

　　　　　　　　　　　　　　　　　　　　　古　谷　　　研

養殖海域の環境収容力　目次

まえがき ……………………………………………………………（古谷　研）

1. 環境収容力とは何か……………………（古谷　研）…………9
§1. 環境収容力の定義（9）　§2. 漂泳生態系の生物
生産性（11）　§3. 漂泳生態系の切り出し・隔離（14）
§4. 養殖海域の物質循環（15）　§5. 環境収容力の
評価（17）　§6. 持続的な養殖生産（19）　§7. まと
め（21）

2. 海域での研究から：広島湾 ………………（柳　哲雄）…………23
§1. 広島湾のカキ養殖（23）　§2. カキ現存量（養殖量）
の変動（29）　§3. カキ養殖の環境収容力（31）
§4. おわりに（32）

3. 海域での研究から：五ヶ所湾……………（阿保勝之）…………33
§1. 養殖漁場の環境収容力（33）　§2. 真珠漁場の
環境収容力評価（34）　§3. 魚類養殖場の環境収容力
評価（38）　§4. おわりに（47）

4. 海域での研究から：大槌湾
……………………………………（小橋乃子・髙木　稔）…………49
§1. 岩手県の養殖漁業（49）　§2. 大槌湾での共同
研究プロジェクト（51）　§3. 大槌湾の養殖環境（52）
§4. 持続可能な養殖管理手法の確立（58）　§5. おわ
りに－持続可能な養殖管理の確立を目指して－（63）

5. 海域での研究から：陸奥湾
－陸奥湾におけるホタテガイ適正収容量－
……………………(吉田　達・吉田雅範・小坂善信・佐々木克之)…………65
§1. 基礎生産量などの調査結果(66)　　§2. 既存資料
からの試算結果(69)　　§3. 陸奥湾における有機炭素を
指標とした物質循環モデル(73)

6. 物理－生態系モデルによる環境収容力評価の歴史，その有効性と限界……………………(岸　道郎)…………80
§1. 科学の世界の海洋生態系モデルを簡単にふり返る(80)
§2. 海の環境収容力評価に物理－生態系結合モデルが
使えるか？(82)

7. 東南アジアで環境収容力を考える……(黒倉　寿)…………88
§1. インドネシア・チラタ湖(89)　　§2. カンボジアの
農民による漁業(91)　　§3. 南タイのエビ養殖業(97)
§4. 総　括(99)

8. 陸域からの物質流入負荷増大による沿岸海域の環境収容力の制御 ………………(山本民次・橋本俊也)………101
§1. 広島湾における養殖カキ生産量の推移(102)
§2. 広島湾北部海域における物質収支(105)
§3. 陸からの流入負荷量を変化させた場合の湾内一次
生産の応答(108)　　§4. カキを組み込んだ広島湾全域
モデル(114)　　§5. おわりに(116)

9. 漁場環境収容力拡大の試み：人工湧昇
……………………………………………(高橋正征)………119
§1. 海域の環境収容力とその拡大の必要性(119)
§2. 海底構造物による海域肥沃化(121)　　§3. 海洋

深層水の揚水散布による海域肥沃化（*123*）　　§4．大量の
海洋深層水利用排水による海域肥沃化（*126*）　　§5．海域
肥沃化の今後の展望（*127*）

10.　漁場保全関連政策の現状と展望 ……（長畠大四郎）………*130*
　　§1．漁場環境保全の取組みの歴史（*130*）　　§2．漁場
環境保全対策の概要（*132*）　　§3．今後の漁場環境保全
対策の取組みの方向（*136*）

Environmental carrying capacity in mariculture grounds

Edited by Ken Furuya, Michio J. Kishi, Hisashi Kurokura, and Tetsuo Yanagi

Preface   Ken Furuya

1. What is carrying capacity?   Ken Furuya
2. Case study in Hiroshima Bay   Tetsuo Yanagi
3. Case study in Gokasho Bay   Katsuyuki Abo
4. Case study in Otsuchi Bay   Naoko Kohashi & Minoru Takagi
5. Case study in Mutsu Bay   Tohru Yoshida, Masanori Yoshida,
                                              Yoshinobu Kosaka & Katsuyuki Sasaki
6. Evaluation of carrying capacity by physical-ecological coupled
    model: its history, effectiveness and limitation
                                                                      Michio J. Kishi
7. Carrying capacity: a view from the Southeast Asia
                                                                    Hisashi Kurokura
8. Control of carrying capacity in coastal waters through increasing
    of material loading from land
                                              Tamiji Yamamoto & Toshiya Hashimoto
9. Challenges to increase carrying capacity of fishing ground
    by artificial upwelling   Masayuki Takahashi
10. Current status and perspectives in policies on fishing ground
    conservation   Daishiro Nagahata

1. 環境収容力とは何か

古 谷 研[*1]

　わが国の沿岸域では海面養殖業が活発に行われ，現在その対象種は約60種，実験段階を含めれば80種以上であり，2002年の生産量は年間133万tに及んでいる．1960年にはノリとカキの無給餌養殖が殆どで年間28万tであったが，1965年になるとハマチ，ホタテ，ワカメなどの養殖が始まり生産量は80万tに急増，1975年には100万tを超えた．最近10年間は約120〜130万tで推移し，わが国の沿岸漁業の約40％，総漁業生産量の約20％を占めている[1]．水産養殖では，対象水族を限られた空間で生産するために，経済効率から単一種を高密度に養成する傾向がある．魚類に代表される給餌養殖では，残餌や糞の堆積，可溶成分の溶解などによって慢性的な汚濁負荷がもたらされている．一般に餌料転換効率は10〜30％程度なので投入された有機物の大半が当該水域の有機物負荷となる．一方，海藻や貝類の養殖のように生態系の生産力を間引きながら利用する生態系依存型の無給餌養殖では，密殖による天然の生産力の過度な間引きや糞の蓄積による底質の悪化によって養殖生産性が低下する．元来，自然の生態系には余剰な生産はないので，養殖生物の参入は必然的に天然群集の構造を変化させる．過密な養殖が行われると，ある栄養段階の生物群集の個体数が減って，食物連鎖のリンクが細くなるばかりでなく，食物連鎖構造が変化した結果，めぐりめぐって養殖水族自身の餌不足を招きかねない．生態系の生産力を間引く場合，鍵となるのは当該海域の環境収容力の評価である．これまでにも養殖漁場管理を目的とした環境収容力に関する研究が行われたが，有用水族の最大養殖規模を追求する姿勢が強かった．では，養殖海域の環境収容力をどのように評価したらよいのか．

§1. 環境収容力の定義

　環境収容力（carrying capacity, environmental carrying capacity, 環境容量）は，持続的な開発や生物資源の利用に関する議論において鍵となる概念で

[*1] 東京大学大学院農学生命科学研究科

あるが，場合によって様々な意味合いで用いられている．環境収容力が一般的に使われるようになった契機は，1972年にストックホルムで開かれた国連人間環境会議でローマクラブが発表した『成長の限界』[2]である．発展途上諸国を中心とした爆発的な人口増加に対して，深刻化しつつあった天然資源の枯渇や環境汚染の進行，大規模な軍事的破壊力の脅威など，地球上での人類の生存の危機に対する認識のもと，地球という限られた空間にどれだけの人が住めるのか，という問いかけが出発点であった．その後，人口増加と環境に関わる様々なインパクトに，そして地球規模から局所まで多様な空間スケールに概念が拡張されてきたが，本来は限られた空間における個体群の成長に関する生態学の概念である．

ある空間にある個体群が十分な食料供給をうけて増殖する場合，水温や塩分などの物理的環境が好適であれば個体群は指数関数的に増殖する．しかしながら，個体群は無限に増殖するわけではなく食料などの資源の枯渇や，占有空間の減少，老廃物の蓄積などの環境抵抗によって死亡率が上昇したり，繁殖率が低下して1個体当たりの増殖率は減少して，やがて個体数は一定となり増えも減りもしなくなる．この時の個体数が環境収容力Kと定義される（図1・1）．このS字型の曲線

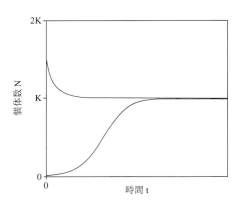

図1・1 ロジスティック曲線の概念図．最初の個体群が環境収容力Kよりも低ければ増加し，逆に高ければ減少し，Kで安定する．

を表す式としてロジスティック方程式が最も広く用いられており，

$$dN/dt = r(1-N/K)N \qquad (1)$$

ここでNは個体数，rは内的自然増加率で，2分裂で増殖する単細胞生物では比増殖速度に相当する．もし，最初の個体数が環境収容力Kよりも大きければ式（1）から個体数は時間とともに減少してKになるところで安定する．

この定義から，環境収容力は，第1に個体数（生物量）をもとにした概念で

あり，最大収容量を指すこと，第2に単一種を対象にした安定な環境を前提としていることになる．天然海域では，一定の空間に単一種のみが生息していることはあり得ない．資源をめぐる競争などさまざまな異種間相互作用が加わる．さらに自然界では餌料供給や物理的環境条件は変動するので，天然個体群の環境収容力はKよりも低くなると予想され，それを一定値として見積もることは容易ではない．

　では自然水域における養殖では環境収容力はどのように定義されるだろうか．少なくとも初期投資の回収や事業としての発展を考えれば，何年にもわたり生産高が安定していることが条件になる．したがって，ここでは仮に「持続的な生産を可能にする養殖密度の最大値を環境収容力」と定義する．「持続的」と書いたが，単に前年度と同じ生産高が続く状態では十分とはいえないだろう．当然，養殖の環境影響も考慮しなければならない．水質や底質の劣化が進んでしまえば「持続性」は程なく破綻するだろう．給餌養殖では残餌や排出物，可溶化成分による汚濁がない状態が持続性のためには理想的である．また，養殖生産物の市場競争力を考慮すると，生産のコストパフォーマンスや，抗魚病薬の使用抑制，産物のブランド化も持続性を担保する要件となる．これらを考慮して養殖域における環境収容力を評価するためにはどのようなアプローチがあるだろうか．この問題を考える前にまず海洋の生物生産性の特徴を整理する．

§2．漂泳生態系の生物生産性

　表1·1に海洋と陸上の主な生態系における純一次生産量と生物量を示した[3]．これらは1964年から1974年にかけて地球規模で行われた国際生物学事業計画（IBP）でえられた結果である．データそのものは古いが，世界中の研究者が協力して様々な生態系における動植物の生物量と純生産量を網羅的に調べたものであり，全球的に一貫したデータベースとして現在でも価値が高い．さて，この表では海洋生態系を外洋，湧昇域，大陸棚，藻場とサンゴ礁，入り江に分けている．単位面積当たりの生産速度で見ると藻場とサンゴ礁および入江が高く，湧昇海域，沿岸域，外洋域となる．大まかに見ると海域による一次生産速度の違いは，光合成が行われる有光層への窒素，リン，鉄などの栄養物資の供給の違いに起因している．外洋域のかなりの部分を占める熱帯・亜熱帯海域や夏季

の温帯域では水柱が成層するためこれらの物質は有光層内で不足しがちとなる．一方，湧昇域や沿岸域では，下層からの栄養物質が表層付近に回帰しやすいため一次生産量は大きい．

表1・1　海洋における生物生産量と生物量（Whittaker, 1975）．重量は乾燥重量を表す

海域	面積	一次生産者			動物		
	10^6 km^2	生産量（P） g/m^2/年	生物量（B） kg/m^2	P:B比 （/年）	生産量（P） g/m^2/年	生物量（B） g/m^2	P:B比 （/年）
外洋	332.0	125	0.003	42	7.53	2.41	3.1
湧昇域	0.4	500	0.02	25	27.5	10.0	2.8
大陸棚	26.6	360	0.01	36	16.2	60.0	2.7
藻場とサンゴ礁	0.6	2500	2	1.3	600	20.0	3.0
入江	1.4	1500	1	1.5	34.3	15.0	2.3
海洋	361	152	0.01	15.2	8.38	2.76	3.0
陸域	149	773	12.3	0.063	6.10	6.74	0.90

　表1・1には年間生産量（Production）を生物量（Biomass）で割った回転率（P：B比）が示されている．これは年間の生物量の入れ替わり回数，すなわち世代交代数の目安となる．海洋の一次生産では平均15.2で，陸上の241倍である．特に外洋域や湧昇域，大陸棚など植物プランクトンが一次生産者である海域ではP：B比が高く約40である．この違いは陸と海洋の一次生産者の体制の違いに起因している．水中に浮遊する一次生産者のほとんどすべては単細胞性の植物プランクトンである．植物プランクトンは一般に個体サイズが小さいが，これは水という媒質に生息することに負うところが大きい．すなわち，水中では小さい個体ほど浮遊しやすく，逆に大型個体ほど沈降しやすい[2]．このため生存に光を必要とする植物プランクトンにとっては小さいことこそが浮遊適応になっている．そしてその細胞内に光合成に係わる細胞小器官が存在する．これに対して陸上植物では光合成が行われる葉に加えて，水や養分を循環させ，重力に抗して葉を支持する枝や幹，根など光合成の支持器官の生物量が大きい．すなわち，植物プランクトンでは生物量のかなりの部分を光合成装置が占める

---

[2]　簡単のためプランクトンを半径 r の球とすると，その表面積 S は S = $2\pi r^2$，体積 V は V = $4/3 \pi r^3$ である．表面積は沈降における粘性抵抗の大きさ，すなわち沈みにくさの目安になり，体積は重量，すなわち沈降しやすさの目安になる．両者のかねあいを表す S/V 比は，S/V $\propto$ 1/r となる．この比が大きいほど粘性抵抗が増すので球は沈みにくく，逆は沈みやすいことになるが，式から小さいほど沈みにくいことになる．

のに対して高等植物を中心とする陸上植物ではその割合が小さく，これがＰ：Ｂ比の違いを生んでいる．ごく沿岸ではワカメやコンブなどの海藻やアマモなどの海草が繁茂するが，これらは陸上植物に近いといえる．一般に生物は個体サイズが小さいほど世代時間が短いので植物プランクトンのＰ：Ｂ比は大型海藻類や陸上植物などに比べるとはるかに大きいことになる．表1・1でＰ：Ｂ比の高い海域はいずれも植物プランクトンが一次生産を担っている．これに対して藻場・サンゴ礁や入江では海藻や海草の寄与が大きいためＰ：Ｂ比は低い．

このような一次生産者のＰ：Ｂ比の違いは動物のＰ：Ｂ比にも影響を及ぼし，海洋では陸上の約3倍である．このように海では小さな生物量で大きな生産が行われており，Ｂすなわちストックに対してＰ（フロー）が大きいフロー卓越系，逆に陸ではストック卓越系といえる．これを反映して，プランクトンとそれを餌料とする魚類などのネクトンからなる漂泳生態系では生物生産とその利用・分解プロセスにおける物質の回転速度は陸上よりもかなり高いことになる．

さて，海洋の一次生産力については1970年代までにそれまでの測定値を集大成して全球分布が提出され，水産学や海洋学など諸分野で広く使われてきたが，測定方法の見直しが1980年代に進み，現在の海洋一次生産量は表1・1から修正されている．Fieldら[4]によれば海洋の純一次生産量は年間48.5 PgC（＝48.5×10^{15}gC）であり，陸上の生産量56.4 PgCの85％である．海洋の生産量のうち海藻はわずか2％の1 PgCであり，残りは植物プランクトンが占める．さらに人工衛星による観測から，海洋の一次生産に年変動があることも明らかになってきた．全球の年間純一次生産は1997年から2000年にわたり111 PgCから117 PgCで変動し，海域は54 PgCから59 PgC，陸域では57 PgCから58 PgCと海陸でほぼ同量の生産量である．ここで仮に有機物量と炭素量の重量比を0.5とすると表1・1の年間純生産は陸上全体で58 PgCとなり，最近の見積もりと同じであるが，海では28 PgCと現在の見積もりの半分にすぎない．したがって，生物量の見積は年代によって大きく変わっていないと仮定して表1・1の生物量に，最近の人工衛星による純生産量を適用すると，海陸の生態系における有機物生産の回転速度の違いは上で見たよりもさらに大きくなり，海での一次生産者のＰ：Ｂ比は陸の約500倍に及ぶことになる．

植物プランクトンの高いＰ：Ｂ比は赤潮あるいはブルームとして我々にとっ

てなじみ深い現象で実感できる．高い生産性によって急激に生物量が増え，ピークの時期は短く速やかに減衰する．このようなブルーム，すなわち生物量の蓄積の規模は資源供給の大きさ，つまり栄養塩や光エネルギー供給の程度で決まるとともに摂食圧のかかるタイミングも重要である．すなわち植物プランクトンの増殖に伴って速やかに植食者による摂食圧が追随すれば生物量の蓄積は押さえられ，ブルームは形成されないが，摂餌圧がかかるのが遅れればブルームは発達する．摂食者のいない状況ではたとえ増殖速度が低くても生物量の蓄積は起こる．このような食関係の交替的不平衡によって個体群の消長が制御される状況はあらゆる生態系で普遍的であるが，漂泳生態系ではP：B比が高いので，短時間にある個体群の生物量が急激に蓄積したり，遅れてかかった摂餌圧によって速やかに減少することはめずらしくない．植物プランクトンに限らず，大が小を食い栄養段階が上がるごとに個体サイズが大きくなるような漂泳生態系では，より上位の栄養段階にある生物群においてもこうしたことは起こる．

§3．漂泳生態系の切り出し・隔離

養殖海域に戻る前に，もう少し漂泳生態系の特徴を見てみよう．様々な養殖形態の中でヒラメの陸上養殖に代表される完全閉鎖系がもっとも集約性が高い．そこでは有機物生産者は不要であっても分解者（再生者）は必要とされる．負荷有機物は酸素を供給して分解・無機化し，脱窒によって窒素を除去する．分解者といっても単一の生物ではなく，原生動物やバクテリアなど複数種が共存する．さらにアオサなどにより過剰物質が回収される．このような閉鎖系では自律的な生態系は存在しない．人為的な操作による分解者の管理や疾病の防止が鍵となる．それでは，前節で見たように動的で非平衡性の強い植物プランクトンを有機物生産者とする系を安定性のある自立的な系として隔離することは可能であろうか．換言すれば漂泳生態系の盆栽化は可能だろうか．

小さい生物ほど小さな空間で培養できる．植物プランクトンは培地1 mlで培養できる．餌を与え，水替えをすればカイアシ類は海水数十mlで，小型の魚類は数 mlで，イルカですら小型であれば大きなプールで飼育が可能である．しかし，問題は生物そのものを飼うことではない．その餌も排出物の分解者も

併せて飼わなければならない．自律的な生態系を隔離するにはどのくらいの空間が必要なのかについてはメソコズムでの経験が役に立つ（図1・2）[5]．それによれば容器の大きさは内包する食物連鎖の段階数を規定する．大きな容器ほど高次の栄養段階まで収容し，$10^3 m^3$以上の空間で魚類まで含みうることになる．ここで考慮されているのは天然での平均的な魚類密度であるため，効率的な養殖のための高密度飼育とは異なる．仮にイワシを給餌する魚類養殖において，人為の介在しない分解過程を担保するには，餌料と同量のイワシが天然で生息するのに相当する広大な空間が必要となる．したがって，魚類群集も含めた漂泳生態系の盆栽化はできない．

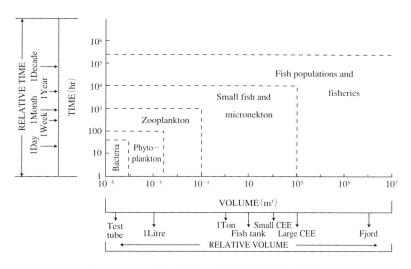

図1・2　メソコズムの大きさと内包する生物群集の関係[5]

§4．養殖海域の物質循環

海の物質循環がフローの卓越した系であることは環境収容力の評価では重要なポイントである．すなわち，環境収容力は数（ないしは生物量，ストック）の概念であるが，それを評価するためにはフローの把握が不可欠であることを示している．魚類養殖では「適正収容量」あるいは「適正養殖量」という用語が使われる．「適正収容量」は，養殖業の発展と水産物の安定供給に資するこ

とを目的として1999年に施行された「持続的養殖生産確保法」に裏付けられる．この法律では，密殖や過剰給餌による漁場劣化を防ぎ，特定疾病の蔓延を防止するために，漁業者が水質や底質に関わる養殖環境基準を策定し，養殖漁場の改善をはかるとしている．当然，養殖が経済行為として成立することが必要条件であり，継続性のある養殖生産と市場価値が出口となっている．法律では養殖漁場の改善を「餌料の投与等により生ずる物質のため養殖水産動植物の生育に支障が生じ，又は生ずるおそれのある養殖漁場において，これらの物質の発生の減少又は水底へのたい積の防止を図り，並びに養殖水産動植物の伝染性疾病の発生及びまん延を助長する要因の除去又はその影響の緩和を図ることにより，養殖漁場を養殖水産動植物の生育に適する状態に回復し，又は維持すること」と定義されている．この法律が対象としているのは養殖水族である．し

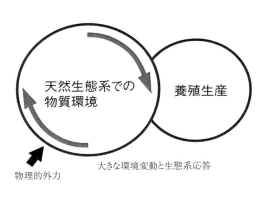

図1・3　物理的外力と養殖海域の物質循環の概念図

かしながら，養殖海域には，養殖水族のみが海域に生息することはなく，天然生物の物質循環に養殖水族のそれが加わり，全体が移流や潮汐，成層形成とその解消などの物理的な外力にさらされるため（図1・3），環境基準の策定では養殖域だけではなく，その周辺も含めて広範な海域を対象としなければならない．

養殖域の周辺が養殖活動によってそれがどのような影響を受けるのかは漁獲漁業の維持や生態系の保全にとって重要である．魚類養殖場からの物質拡散によって海草群落が衰退し，海産動植物の再生産力が低下する可能性を念頭においた海草群落の保全と養殖業の両立を模索する研究（例えばMedVeg，http://www.medveg.dk/）にその例証を見ることができる．さらには養殖の行われる沿岸域では養殖活動以外にも，汚濁の浄化や交通，観光など海のもつ様々な機能と生態系サービスがあるが，それらにも影響が及ぶ．したがって法律に則った環境基準の策定には，当該養殖活動の持続だけを考えるのでは不十分であり，

周辺海域の環境収容力を考慮する必要が出てくる.

　では，ここで議論すべき環境収容力とは何か. 養殖活動が行われる海域における天然の生物群集の動態や物質循環への影響を考慮した養殖水族の数量（密度）と定義したい.「影響の考慮」とは,「影響が許容出来る範囲内」での最大の養殖密度と言い換えてもよい.「許容できる範囲」とはどのような海域利用を目指すかの合意のあり方によって変わる. 上記の定義に従って求めた環境収容力を基に，当該海域の利用法を養殖に特化した場合には，経済的な要素を優先して適正収容量を決める傾向が強くなり，いくつかの用途が重なり合っている場合には，環境収容力をもとに衝突する利害の調整を行うことができる. すなわち海域利用の合意形成のための客観的な指標が環境収容力ということができる. この際，ある養殖生物について当該海域の環境収容力を，単一の値として示すことは適切でないだろう. 養殖形態や海域利用のオプションや変動性のある海洋環境などの条件に対応して，ある幅をもった，あるいは個々の条件に応じた見積として求めることになるであろう.

§5. 環境収容力の評価

　では，どのようにして養殖海域の環境収容力を評価すればよいのか. 汎用になる定式化された方法は存在しないし，もともと汎用法を求めることは無理である. 本書に示された各海域での研究事例が明瞭に示すように養殖水族や養殖方法に応じた方法が必要である. 給餌養殖の場合には，自然浄化力からの収容力評価が必要となり，酸素消費速度がどの程度有機物負荷に依存するかが鍵となる. 一方，無給餌養殖では，海藻ならば栄養塩，貝類ならば餌料となる懸濁物など資源利用から収量力を評価することになる.

　多々良[6]は沿岸漁場を対象として，生態系内の種々の栄養段階がどれだけ基礎生産物を消費したか，すなわち，各栄養段階の生産量をもとになった基礎生産量に換算して，環境収容力を推定する方法を提案した. 一次生産者からボトムアップ的に各栄養段階の生産量やそれぞれに配分される栄養塩量を求めて，可能魚類生産を見積もるものである. 前提として各栄養段階が平衡状態にあることと，一次生産をはじめとして各栄養段階の生物量や生産量の資料が十分に蓄積されていることが条件となる. しかしながら，現在のところ環境変動の激

しい沿岸域ではこの条件を満たすことは容易ではない．一次生産速度を例にとると，観測資料が十分得られているのは東京湾や伊勢湾，瀬戸内海，噴火湾など一部の海域に限られ，それでも1〜4週間に1回程度の頻度がほとんどである．このため，季節変動などの比較長い時間スケールでの解析はできても，河川水流入や潮汐による混合，急潮，沿岸湧昇，風成循環など，内湾や沿岸域に卓越する，より短い時間スケールの物理現象に伴う低次生産の変動，さらにはより上位の栄養段階の動態についての解析は困難である．近年，様々なパラメーターを水中測器によって連続的にモニターすることが可能となり，養殖域への適用がはかられている[7]．養殖域の環境管理という面も含めて，連続モニタリングの適用が進むものと期待される．

　海域の物質循環の鍵となるパラメーターに着目して，それを環境指標とする方法が一般的にとられている．いわゆる適正養殖量を設定する目的で，「持続的養殖生産物確保法」では水質として溶存酸素濃度を，底質として酸揮発性硫化物量や底生生物組成を用いている．法の趣旨から，これらは漁業者自身によって測定できる実用的な指標である．すでに述べたように，適正養殖量は，本稿で述べてきた環境収容力を超えて設定される場合が多いと考えられ一律には扱えないが，海域の生物的な浄化作用（好気的有機物分解），海水交換，バイオマスへの転換などを含んだ総合的な指標として有用である[8]．

　これまで述べてきたように養殖海域の環境収容力の評価には物質循環の定量的な把握が不可欠であることから，数値モデルによる解析が有効である．これについては本書の岸による論考をはじめ各海域からの研究においても明らかである．特に，物理−生態系モデルは，天然生態系と養殖水族間をめぐる物質循環を物理的な外力を変化させて詳細に解析できること（図1・3），現場での養殖実態から離れた実験的（仮想的）解析が可能であること，感度解析などにより重要な観測パラメーターが何かが分かることなど利点は大きい．特に第2の点はモデル解析でなければ不可能である．養殖筏の配置や養殖水族の密度と吊下深度，養殖対象種など実際の養殖形態を様々に変化させると生産量そのものや当該海域や周辺域への環境影響はどうなるかを解析することは，現場では決してできない．そのためには，充実した現場データベースを用いた計算結果の検証を十分に行い，モデルがよく鍛えられていることが前提となる．

§6. 持続的な養殖生産

先に述べた「持続的養殖生産確保法」では,「同一種を同一地域で長期にわたり養殖を継続する」という意味で使っている. 長続きすることは持続的であることの1つの目安になる. この観点から養殖を整理すると, 最も持続性の低いのは, 自然水域ではないが東南アジアで行われている集約的なエビ養殖 (intensive shrimp culture) である. 新たに作られた養殖池の生産力が数回の生産サイクル後に低下し始め, 生存率や成長速度, 餌料効率などの悪化で悪い場合には2～3年後には経済的に生産が成立しなくなる. 生産性の低下した養殖池は, フィリピンでは一部ミルクフィッシュなどの養殖に使われることもあるが, ほとんどの池は塩害などのため転用が進まず放置されることが多い. そして新たにマングローブ林を伐採して養殖池が作られる. この繰り返しは社会問題化している. 近年, これへの対策として最大収量よりも低い密度での養殖が始まっている. ウシエビ (black tiger) を例にとると, インドネシアでは1996～1997年の疾病による壊滅の経験から, "Semi-intensive culture" としてエビ密度を6割程度に減少させて少ない投薬条件下での養殖を可能にしている (馬場氏, 私信). タイでもprobioticsの使用などによる集約的管理により最大収量を追求する傾向が強かったが, 近年では「薄飼い」が増える傾向にある (黒倉氏, 私信). また, タイでは養殖水の交換をしないで, 病源を持ち込まないようにする閉鎖式養殖が広まりつつある. これによって周辺水への汚濁拡散も抑えられる.

一方, 最も長く続いているのは中国におけるコイ養殖である. 1000年以上の歴史をもち, 中国の改革開放政策により農民がコイ養殖に進出する機会が増えた結果, コイの養殖生産は飛躍的にのびているとされている[9]. 図1·4に示された例では, コイとして, 複数種が存在し, それぞれ主な餌が異なるため, 餌の競合が少なくなっており, mud carpやcommon carp, black carpによってデトリタスの回収が進む[10]. Grass carpは単に水草除去として機能するだけではなく, 多量の陸上植物が餌として与えられてタンパク質に転換される. 注目されることは池内ばかりでなく陸上も含めた物質循環システムが存在することである. さらに淡水養殖では, 用水に塩分が含まれないため農業と養殖の組み合わせが可能である. 一方, 海水養殖においても, いわゆる複合養殖として,

異なる栄養段階あるいは異なる生態系機能をもつ養殖水族を組み合わせて，物質循環機能を円滑にしたり，栄養物質の回収をはかる試みが始まっている．異なる生態学的機能をもつ生物を組み合わせた養殖形態の模索は，単に同所的に複数の養殖生物が存在するのではなく，生物の機能を利用してゼロエミッションを遠くに見据えた複合養殖（integrated aquaculture）であり，行政も重視する傾向にある[11]．

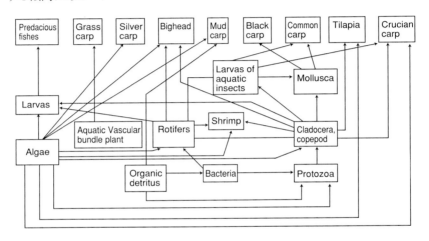

図1・4　中国のコイ養殖池における生態系の例[10]

どのような養殖水族を組み合わせて複合養殖を行うかについては，各海域の経験と，水産学研究の成果から組み合わせを模索することになるが，いずれにしろ複合養殖によってどの程度物質循環機能が進むかについては，物理-生物モデルによる解析が有効である[12]．例えば，三陸沿岸域で行われているホタテ，カキ，ワカメの養殖では，栄養塩は植物プランクトンばかりでなく，天然の海藻・海草および養殖のワカメ・コンブに分配される．一方，植物プランクトンに取り込まれた栄養塩は天然の植食者と養殖貝類などの餌料になっている．天然の植食者に分配された栄養塩は，漁獲対象魚種の生産に使われる．この全過程で栄養塩の移流と再生・消費が進むので，これらの諸過程を総合的に解析するのには物理-生態系モデル，特に3次元モデルが最も有効と期待される．

§7. まとめ

　現在，開発行為に伴い「持続性」あるいは「持続的」という言葉が使われるが，その意味合いは様々である．国連 Brundtland 委員会のまとめた「Our Common Future」[13] では，「未来の世代が彼等自身のニーズを満たす能力を弱めることなしに現在の世代のニーズを満たすような人類社会の進歩への取り組み」とされており，これが最も妥当な定義であろう．これは開発か，環境か？という二者択一の議論を両立へ向けようとするものである．持続的な養殖生産をはかるには，長続きすることは重要な用件であるが，単にそれだけにとどまらず次の世代も我々と同様に環境資源を有効利用できるように維持することが求められる．そのためには，海域利用について社会で合意が形成されていることが必要である．すでに述べたように環境収容力の評価は，そのための客観的な議論の基盤を与えるものでなければならない．科学的な検討でどこまでいえてどこからいえないのかを共通認識としない限り，開発か環境か，養殖生産か環境か，の議論は不毛になる．それだけに養殖海域の環境収容力を適切に評価することの責任は重い．

文　献

1 ）水産庁：平成16年度 水産の動向に関する年次報告，農林統計協会，2005，190pp.

2 ）ドネラ H. メドウズ・デニス L. メドウズ・ヨルゲン ランダース・ウィリアム W. ベーレン：成長の限界，ダイヤモンド社，1972，203pp.

3 ）Whittaker, R.H., and G.E. Likens (eds.)：The primary production of the biosphere, *Human ecol*, 1, 299-369 （1973）.

4 ）Field, C. B., M. J. Behrenfeld, J. T. Randerson, and P. Falkowski: Primary produc-tion of the biosphere: Integrating terrestrial and oceanic components, *Science*, 281, 237-240 （1998）.

5 ）Parsons, T.R.: The future of controlled ecosystem enclosure experiments. In: Marine mesocosms: biological and chemical research in experimental

ecosystems （Grice G. D, Reeve M. R. eds）, Springer-Verlag, New York, 1982, pp.411-418.

6 ）多々良薫：生物からの視点，漁場環境容量（平野敏行編），恒星社厚生閣，1992，pp.20-36.

7 ）Yoshikawa T, and Furuya K.: Continuous monitoring of chlorophyll *a* and photosynthesis by natural fluorescence method in coastal waters, *Mar. Ecol. Prog. Ser.*, 273, 17-30 （2004）.

8 ）武岡英隆・大森浩二：底質の酸素消費速度に基づく適正養殖基準の決定法，水産海洋研究，60，45-53（1996）.

9 ）Fisheries Department, Food and Agricul-ture Organization, United Nations: The State of World Fisheries and Aquaculture 2004, http://www.fao.org/documents/

show_cdr.asp?url_file=/DOCREP/007/y5
600e/y5600e00.htm

10) Zhong Lin (ed.)：Pond Fisheries in China, International Academic Publishers, 1991, 259pp.

11) 水産庁：平成15年度　水産の動向に関する年次報告，農林統計協会，2004，178pp.

12) Duarte, P., R. Meneses, A.J.S. Hawkins, M. Zhi, J. Fang and J. Grant: Mathemat-ical modeling to assess the carrying capacity for multi-species culture within coastal waters., *Ecol Model.*, 168, 109-143（2003）.

13) World Commission On Employment: Our Common Future, Oxford Univ. Press., 1987, 400pp.

2. 海域での研究から：広島湾

柳　　哲　　雄 *

　沿岸海域の環境保全の重要性が認識されてくるにつれ，環境容量（環境収容力）の概念の有効性がエコ・ツーリズム，養殖漁業，海面漁業など様々な分野で論じられるようになってきた[1]．しかし，沿岸漁業に関連した漁場環境収容力の概念は必ずしも明確にはなっていない．その理由の1つは海面漁業，栽培漁業，養殖漁業など，沿岸漁業の形態に応じて，環境収容力の概念が異なることにあると思われる．

　もっともわかりやすい沿岸漁業の環境収容力は，給餌養殖漁業の場合で，例えば，「養殖魚の糞と残餌の海底堆積量が0となる養殖尾数と給餌量」を養殖場の環境収容力とするというものである[2]．これと反対に最もわかりにくい沿岸漁業の環境収容力は，ある湾や灘の海面漁業の漁獲量に関するものである．柳[3]は瀬戸内海伊予灘における1次生産量と2次生産量の観測値から，食植物プランクトン性魚種，食動物プランクトン性魚種，食デトリタス性魚種，食ベントス性魚種の可能漁獲量を見積もり，それを伊予灘の環境収容力と考えた．この見積もりに対しては，伊予灘内の魚介類が漁獲により減少すれば，空いたニッチェに隣接海域から魚介類がやってくるので，伊予灘を閉じて環境収容力を考えることは意味がないという指摘が可能である．この場合，瀬戸内海全体，あるいは瀬戸内海を含む北西太平洋を考えて環境収容力を定義すれば，そのような問題は克服できるが，実際にそれを行うことはデータの関係から非常に困難か，不可能であろう．

　本稿では，給餌養殖漁業と海面漁業の中間に位置する非給餌養殖漁業であるカキ養殖における環境収容力に関して瀬戸内海広島湾を例に考えてみる．

§1．広島湾のカキ養殖

　広島湾ではすでに江戸時代からカキが養殖され，現在広島湾のカキ養殖量は

---

* 九州大学応用力学研究所

全国生産の約6割を占めるほどになっている．図2・1に示すように，広島湾奥一体では広くカキ筏が配置され，筏からつるされたカキは海水中のプランクトンやデトリタスを濾過食して成長する．カキ養殖は毎年5月に開始され，年末から翌年1月までが主な出荷期で，一部は越年して翌年の養殖に引き継がれる．

しかし，広島湾の年間カキ生産量は図2・2(a)に示すように，近年減少してきている．この原因の1つとして，図2・2(b)に示すように，養殖カキの斃死率が増加していることがあげられる．

満塩ら[4]は図2・1中に示したカキ養殖が集中的に行われている広島湾奥海域を1つのボックス（図2・3）と考えた．そして，そのボックスを透明度観測データをもとにして，有光層（8.5 m）と無光層（9.8 m）の2層に分割した．

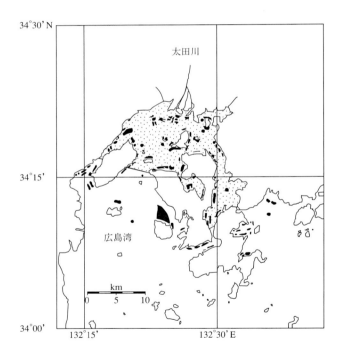

図2・1 広島湾の養殖カキ筏（黒四角印）配置．小さい点をうった領域はボックス生態系モデルの対象海域を表す．大きな黒丸は広島県水産試験場による水質観測点を示す．

2. 海域での研究から：広島湾　25

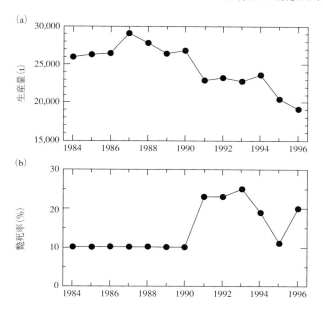

図2・2　広島湾の養殖カキの年間生産量（a）と艶死率（b）の経年変動．

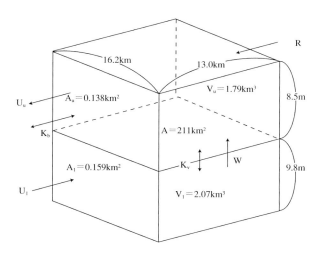

図2・3　広島湾奥の物理過程を表すボックスモデル．Rは河川流量，Vは容積を表す．他は本文参照．

さらに，水収支と塩分収支からボックス内の水平（U_u, U_l）・鉛直（W）移流速度と水平（K_h）・鉛直（K_v）拡散係数を推定した．そして，そのボックスに図2・4に示したような養殖カキを含む低次生態系モデルを適用し，広島湾奥で海域環境が最も悪化する毎年8月のリン循環（広島湾奥で光合成を律速している栄養塩はリンである[5]）を計算した．この計算では，8月の養殖カキの現存量を冬季の出荷量と夏から冬にかけての成長率・斃死率より逆算して，毎年与えている．

有光層・無光層のDIP（溶存態無機リン）濃度，chl.a（植物プランクトン中の葉緑素）濃度，DO（溶存酸素）濃度の計算結果と観測結果の対応は図2・5に示すようになり，1990年代有光層のDIP濃度の大きな経年変動が再現で

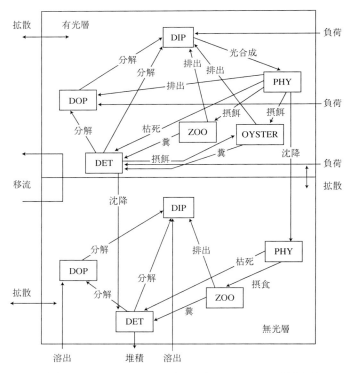

図2・4　養殖カキを含むリンをめぐる低次生態系モデル．DIP：溶存態無機リン，PHY：植物プランクトン，ZOO：動物プランクトン，OYSTER：養殖カキ，DET：デトリタス，DOP：溶存態有機リン．

2. 海域での研究から：広島湾　27

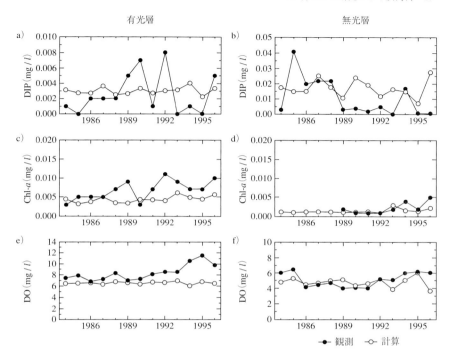

図2・5　有光層と無光層のDIP (a, b), chl.*a* (c, d), DO (e, f) の観測値（黒丸）と計算値（白丸）の経年変動.

きていない，無光層のDIP濃度の1990年代の計算値が観測値より少し高い，有光層のDO濃度の1990年代の計算値が観測値より少し低い，などの問題点はあるが，計算値は観測値を定量的にほぼ再現している．

　広島湾のカキ生産量が最大（図2・2 (a) 参照）で，かつ数値生態系モデルの再現性もよかった（図2・5参照）1987年における，計算された広島湾奥のリン・フラックスは図2・6 (a) に示すようである．植物プランクトンによるDIP同化（光合成）フラックスは陸（主に太田川を通じて）からのDIP負荷量の5.4倍もある．また有光層へのDIPの供給源は，陸上：無光層：DOP（溶存有機態リン）分解：デトリタス分解：動物プランクトン排出：カキ排出がそれぞれ1.0：2.6：1.7：0.5：0.3：0.2となっていて，無光層から湧昇・拡散してくるDIPフラックスの影響が最も大きな比率を占めている．これは広島湾奥

28

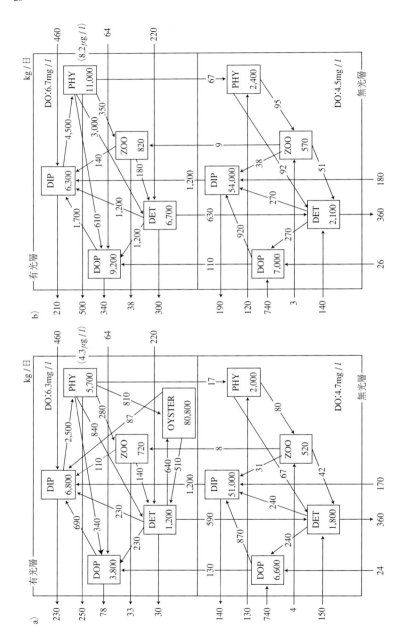

図2・6 1987年8月のカキ養殖がある場合（a）とない場合（b）の広島湾奥における有光層と無光層のリン・フラックス

では太田川からの河川水流出に起因する河口循環流が発達しているためである．養殖カキによる植物プランクトン・デトリタス濾過フラックスは植物プランクトンによる1次生産（光合成）フラックスの58%に達する．

図2・6（b）にはカキ養殖がないと仮定した場合のリン・フラックス計算結果（他の条件は図2・6（a）とすべて同じ）を示した．カキ養殖がないと，有光層の植物プランクトン濃度は約2倍となり，広島湾奥で大規模な赤潮が頻発することが予測される．また無光層の溶存酸素濃度は，カキ養殖がある場合の4.7 mg／lから，ない場合は4.5 mg／lに減少している．カキ養殖がない場合，有光層からの植物プラクトン・デトリタスの沈降量が増大して，それらが無光層で分解されるため，酸素消費量が増加して溶存酸素濃度が低下するのである．図2・6に示すように，有光層の溶存酸素濃度は，逆にカキ養殖がある場合の6.3 mg／lから，ない場合の6.7 mg／lと増加する．これは有光層のchl.a濃度が増加して，光合成による酸素生成量が大きくなるためである．

この計算結果はカキ養殖が有光層の植物プランクトン濃度を低下させ，無光層の溶存酸素濃度を上昇させて，広島湾の環境保全に役立っていることを示唆している．すなわち，広島湾でカキ養殖がなくなれば，広島湾の海洋環境は今より悪化することが予測される．

満塩ら[4]は観測結果を整理して，図2・7に示すように，有光層のchl.a濃度が高くなるとカキの斃死率も高くなることを見いだした．その理由は明らかでないが，有光層の高いchl.a濃度に関連して無光層の溶存酸素濃度が減少し，病原菌が増加するなど，養殖カキにとっての海洋環境が不適切な状況になることに起因していると考えられる．ただ，病原菌などが関わる生物・化学プロセスは数値モデルには取り入れられていないので，定量的な議論は不可能である．今後，カキの生理的な研究が進み，病原菌の増加・減少とchl.a濃度やカキの斃死との関連が定量的に明らかになり，それらを取り込んだ生態系モデルが開発されることが望まれる．

§2. カキ現存量（養殖量）の変動

屋良・柳[6]は広島湾における有光層のchl.a濃度（図2・5）とカキの斃死率（図2・2（b））の関係を図2・7（I）で示したような双曲線正接（Tangent-

Hyperbolic）関数で近似した．ここで，近似式としては図2・7（II）に示すような高chl.a濃度で斃死率が高くなるような関数形も想定可能だが，カキ斃死率とchl.a濃度の関係がはっきりしないので，屋良・柳[6]はとりあえず低chl.a濃度で斃死率が高くなる図2・6（I）の近似式を与えて以後の計算を行っている．屋良・柳[6]はchl.a濃度とカキ斃死率に図2・7（I）のような関係があるとして，陸からのTP（全リン）負荷量を変化させた場合，有光層内のchl.a濃度が変化

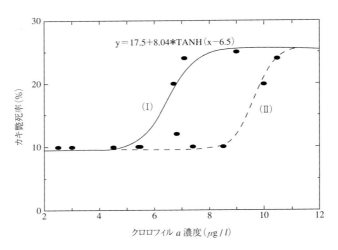

図2・7 広島湾奥有光層のchl.a濃度と養殖カキ斃死率の関係（黒丸）と近似曲線（Iは低chl.a濃度で斃死率があがる近似曲線，IIは高chl.a濃度で斃死率があがる近似曲線）．

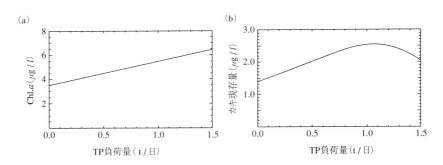

図2・8 陸からのTP（全リン）負荷量を変化させた場合の広島湾奥有光層のchl.a濃度（a）と養殖カキ現存量（b）．

し，その結果カキ現存量がどのように変化するかを，満塩ら[4]と同じ低次生態系モデル（カキ現存量を未知数としたところが異なる）を用いて計算し，図2・8に示すような結果を得た．陸からのTP負荷量が増加すると，有光層内のchl.a濃度は単調に増大する．一方，カキ現存量は，餌が増えるので，ある程度までは増加するが，chl.a濃度がさらに高くなると，図2・7（I）により斃死率が高くなるので，1.2 t / 日というTP負荷量で極大値をとる．

§3．カキ養殖の環境収容力

上述した広島湾のカキ養殖漁業に対する環境収容力としては以下の3つの定義が可能であろう．

1）海底に達したカキの糞がすべて分解する養殖量・養殖密度
2）カキ生産量を最大にする養殖量・養殖密度
3）カキ生産量を最大にする陸からのリン負荷量

1）はその海域における自然浄化力の範囲内にカキの養殖量・養殖密度を押さえるというもので，数値生態系モデルを用いて，その量・密度を定量的に推定することは可能である．

2）に関してはカキの成長率と斃死率が正しく定式化できれば，同じく数値生態系モデルを用いて，推定可能である．しかし，先述したように，カキの斃死率が何に，どのように依存しているかを定量的に明らかにすることは非常に難しい．養殖漁民もおよその斃死率の傾向（どの程度の養殖量や養殖密度で斃死率が高くなるか）は理解しているだろうが，正確には把握できていないと思われる．さらに，近年のヘテロカプサなど有毒プランクトンの発生によるカキの大量斃死などは，現在のところ誰にも予測は不可能で，モデル化も不可能である．

3）に関して，屋良・柳[6]は計算結果より，「カキ現存量（生産量）を最大にするような陸からのTP負荷量1.2 t / 日を，広島湾のカキ養殖漁業に対する環境収容力と定義する．」ことを提案している．しかし，養殖漁民だけで海域への最適のリン負荷量を決めることはできない．陸からのTP負荷量が広島湾にどのような水質をもたらし，それがカキ養殖のみならず，海面漁業，海水浴など湾内の諸活動にどのような影響を与えるのか．広島湾に関わる様々な立場の

人々が一同に会して議論し，それを決めていかなければいけない．すなわち広島湾環境保全会議のような機関が設立され，そこでの議論をもとに，カキ養殖も含めた広島湾全域の環境収容力を定義していく必要があるだろう．

§4．おわりに

実際の広島湾カキ養殖漁民が制御可能なものは，海底に達したカキの糞がすべて分解するような，自然浄化力の範囲内の養殖量・養殖密度，カキの斃死率を上げないような養殖量・養殖密度・養殖方法を経験的に確立することである．

一方，陸からのTP負荷量の制御は漁民も含んだ広島湾環境協議会のような場所で，広島湾全体の環境保全のためにどのような水質が望ましいか，それを維持するためにどのようなTP負荷量が適当か，を議論して決めることになるだろう．

文　献

1）柳　哲雄：沿岸海域の環境容量，海の研究，11（2），321-324（2002）.

2）武岡英隆・橋本俊也・柳　哲雄：ハマチ養殖場の物質循環モデル，水産海洋研究，52，213-220（1988）.

3）柳　哲雄：瀬戸内海・伊予灘の可能漁獲量，九州大学総合理工学報告，25（2），265-268（2003）.

4）満塩　太・柳　哲雄・橋本俊也：広島湾のカキ養殖と海洋環境，九州大学総合理工学

報告，24（2），199-206（2002）.

5）李　英植・向井徹雄・瀧本和人・岡田光正：瀬戸内海西部域，太平洋における植物プランクトン群集のサイズ構成とその制限栄養塩に関する研究，水環境学会誌，18，717-723（1995）.

6）屋良由美子・柳　哲雄：広島湾のカキ養殖の環境容量，九州大学大学院総合理工学報告，26，15-22（2004）.

3．海域での研究から：五ヶ所湾

阿　保　勝　之*

　近年，漁獲量に占める海面養殖の割合が増加し，その重要性が高まっている．しかし，養殖生産を持続的に維持・発展させるためには，海域の環境収容力を考慮した健全な養殖業が求められる．貝類養殖では海域の生産力を考慮し，過密養殖を避け適正な養殖密度を遵守する必要がある．また，魚類養殖では養殖生産に伴う環境への負荷が問題となっており，過密養殖や過剰給餌による養殖漁場の環境悪化が懸念されている．本稿では，三重県五ヶ所湾の真珠養殖場および魚類養殖場で行った2つの研究について述べ，内湾の養殖漁場における環境収容力について考える．

§1．養殖漁場の環境収容力

　漁場管理に用いられる環境収容力の概念は多くの意味を含んでいる．養殖場の環境管理を考えた場合には，環境収容力は「漁場の環境資源を利用して持続的に生産できる最大の養殖量（carrying capacity）」または「漁場の自然浄化力の範囲内，すなわち環境が悪化しない範囲内で生産できる最大の養殖量（assimilative capacity）」と定義することができる．以前は産業利益を優先する傾向が強く環境収容力といえば前者を指すことが多かったが，今では環境負荷を低減した環境調和型の養殖業が求められており，環境収容力も後者の意味で使われるべきであろう．ただし，貝類などの無給餌養殖では環境への負荷が比較的小さいため，前者に基づいて環境収容力を設定して差し支えないと考えられる．

1・1　無給餌養殖場

　カキやアコヤガイなどの貝類養殖は無給餌で行い，植物プランクトンなど基礎生産を起点とした粒状有機物を養殖生物に摂取させる．無給餌養殖は外部から有機物を投入することがなく環境への負荷が少ない．したがって，無給餌養

＊（独）水産総合研究センター養殖研究所

殖場の環境収容力は生態系の餌料供給能力と置き換えることができ，「養殖対象種の正常な生物生産を保証する生物餌料供給」を基礎として適正養殖密度を考えればよい．これまでにも貝類養殖の環境収容量については餌料環境に基づく研究が行われている[1-3]．

1・2 給餌養殖場

魚類養殖などの給餌養殖は大量の餌料有機物を海面に投入するため環境への負荷が非常に大きく，飼育生物の糞尿や残餌の処理を自然の浄化力に頼ることにより成立していると言える．したがって，養殖を持続的に行うためには漁場環境を的確に把握・評価し，負荷有機物が周辺に悪影響を及ぼさない範囲内で養殖を営むことが重要である．養殖漁場の環境収容力もこの観点から設定する必要があり，多くの研究が環境負荷や物質循環に基づいて行われてきた[4-7]．後で述べる「持続的養殖生産確保法」に関連した底質環境基準は，養殖によって負荷された有機物（残餌，糞）が漁場の自然浄化能力を越えない範囲で環境収容力を設定しようとしている．

§2. 真珠漁場の環境収容力評価

ここでは，五ヶ所湾の真珠養殖場で行った研究[2]について述べる．過密養殖が行われている真珠漁場では，餌となる植物プランクトンの量が少なくアコヤガイの成長が劣ることが知られており[8]，漁場の環境収容力を解明し適正な養殖管理を行うためには漁場の餌料環境に関する知見が重要であることが指摘されている[9]．そこで，餌料環境を基本にした適正養殖密度算出のためのアコヤガイ養殖密度評価モデルを作成した（図3・1）．このモデルは，アコヤガイ生理モデルと餌料動態モデルから成る．

2・1 アコヤガイ生理モデル

アコヤガイのエネルギー収支に着目し，アコヤガイの生理活動を水温，塩分や餌密度などの環境要素の関数として数式化した．なお，エネルギー収支はカロリー単位で考えた．アコヤガイが取り込んだ餌料は一部が擬糞，糞として排出され，残りが同化される．このうち呼吸に使われた残りが純生産となり成長および成熟にエネルギーが使われる．アコヤガイの純生産量（NP）は同化量（A）と呼吸量（R）の差として表せる．純生産量は体組織（s）と再生産（生

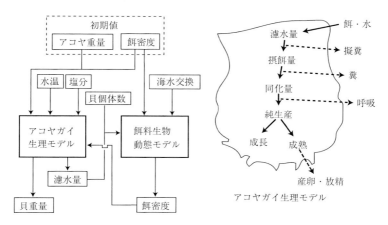

図3・1　アコヤガイ養殖密度評価モデル模式図[2]

殖腺) 組織 (g) の増加および産卵・放精 (E) に (1−r) : r の割合で分配されると仮定すると次式が得られる．ただし，W はアコヤガイの重量．

$$A - R = NP = (1-r)NP + rNP = ds/dt + dg/dt + E = dW/dt + E$$

この式で，同化量 A，呼吸量 R，再生産への分配率 r，産卵条件を与えれば，アコヤガイの成長量 ΔW を求めることができる．

アコヤガイが餌を摂取する量は濾水量 F と餌密度 C によって決まるので，同化効率を e とすると同化量 A はこれらの積で与えられる．

$$A = e \cdot F \cdot C = e \cdot f_T(T) \cdot f_S(S) \cdot f_W(L) \cdot C$$

ここで，$f_T(T)$ および $f_S(S)$ は，それぞれ水温 T と塩分 S の影響を表す最大値 1 の無次元の関数であり，$f_W(L)$ は最適な水温と塩分のもとでアコヤガイの殻長 L (mm) によって決まる濾水量である．それぞれの関数および同化効率をアコヤガイの飼育実験に関する既存の文献を利用して以下のように決定した．

$$f_T(T) = 2.568 - 0.545T + 0.0360T^2 - 0.000667T^3 \quad (10.9 \leq T \leq 32.2)$$
$$= 0 \quad (T < 10.9, \ T > 32.2)$$
$$f_S(S) = 1 / (1 + \exp(-0.535(S-23)))$$
$$f_W(L) = 0.0075 \, \alpha \, L^{1.5}$$
$$e = \beta / (\beta + C)$$

ここで，α，β は濾水量および同化効率に関するパラメータであり，ここでは

$\alpha = 2$, $\beta = 2$ とした．さらに，呼吸量R (cal/ h / ind.) は水温とアコヤガイの乾燥肉重量W_Dを用いて次式で表される．

$$R = 0.00125 \, T^{2.49} \, W_D^{0.75}$$

2・2 餌料動態モデル

アコヤガイ生理モデルを用いて，養殖場の評価や適正養殖密度の算出を行うためには，餌料環境の動態をモデル化する必要がある．つまり，アコヤガイの養殖密度を変化させた場合の餌密度の変化を計算し，アコヤガイの成長に反映させなければならない．ここでは，餌密度の時間変化が，餌料生物の増殖，アコヤガイによる摂餌，海水交換による流出のバランスによって決まると仮定し，簡単なボックスモデルを用いて餌料生物の動態をモデル化した．ここでは，内湾でエスチュアリー循環が卓越する成層期を想定し，海域を2層2ボックスに分け，湾内水が上層から流出し，湾外水が下層から流入するモデル[10]を採用した（図3・2）．ボックス間の海水交換は各ボックス内の塩分収支により求めた．

$$R + Q_{21} - Q_{13} = 0$$
$$V_1 \Delta S_1 / \Delta t = S_2 Q_{21} + D_{12}(S_2 - S_1) - S_1 Q_{13}$$
$$Q_{42} - Q_{21} = 0$$
$$V_2 \Delta S_2 / \Delta t = -S_2 Q_{21} + D_{12}(S_1 - S_2) + S_4 Q_{42}$$

ここで，V_iはボックスiの容積，Q_{ij}はボックスiからボックスjへの輸送係数，D_{12}は鉛直拡散，S_iはボックスiの平均塩分，Rはボックス1への淡水流入量である．また，ボックス1，2における植物プランクトンの収支は次のようになる．ただし，養殖アコヤガイは上層（ボックス1）にのみ存在すると仮定する．

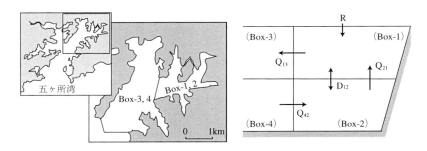

図3・2 五ヶ所湾真珠養殖場におけるボックスモデル模式図[2]

$$V_1 \Delta C_1 / \Delta t = C_2 Q_{21} + D_{12} (C_2 - C_1) - C_1 Q_{13} + C_1 a_1 V_1 - C_1 FN$$

$$V_2 \Delta C_2 / \Delta t = -C_2 Q_{21} + D_{12} (C_1 - C_2) + C_4 Q_{42} + C_1 a_2 V_2$$

ここで，C_iはボックス i の植物プランクトン密度（Chl.a濃度），a_iはボックス i における植物プランクトンの増殖率，N はアコヤガイ個体数，F はアコヤガイの濾水量である．上記モデルにより植物プランクトンの増殖率を求めておけば，アコヤガイの個体数（N）を変化させた場合の，植物プランクトン密度の変動を予測することができる．

2・3　五ヶ所湾真珠養殖場への適用

　モデルを五ヶ所湾の真珠養殖場に適用し，1997 年に行った現地調査に基づいて，養殖密度を変化させたときの餌密度とアコヤガイ成長量の変化を試算した（図3・3）．計算条件（アコヤガイの養殖密度）は，①実際の養殖密度の0.5倍，②実際の養殖密度，③実際の養殖密度の2倍，④実際の養殖密度の7倍とした．なお，7倍の養殖密度は五ヶ所湾における最盛期（1970 年頃）の養殖密度に相当する．アコヤガイの養殖密度が高くなるほど植物プランクトン密度は低く計算され，この傾向は夏季（6月から8月）に強かった．夏季は海水交換が小さかったためにアコヤガイ摂餌の影響が大きく，その他の期間は海水交換が大きく養殖漁場外からの植物プランクトンの供給が大きかったためアコヤガイ摂餌の影響が相対的に小さかったと考えられる．10月から11月に植物プランクトン密度が高かったのは，降水量増加により陸域からの栄養塩供給が増えて海域の生産力が高まったためである．アコヤガイ成長の計算結果を見ると，養殖密度の増加に伴って摂餌圧が高まり植物プランクトン密度が減少するため，アコヤガイの摂餌量が減少して貝の成長量は低下した．また，養殖密度が高くなると，産卵期に行われる放卵・放精の回数が少なくなった．特に，7倍の養殖密度（最盛期の養殖密度）で計算した場合には成長量が低下し，産卵・放精も少なくなった．一方，養殖密度が低下すると植物プランクトン密度が高くなり，アコヤガイの成長量は大きくなった．

　これらの計算結果は，アコヤガイによる摂餌が真珠養殖場内の生態系に大きな影響を与えていることを示しており，養殖密度の増減は植物プランクトン密度やアコヤガイの成長に大きな影響を及ぼす．特に夏季には，海水交換が小さくアコヤガイ摂餌の影響が相対的に大きいため餌不足となり易く，過密養殖が

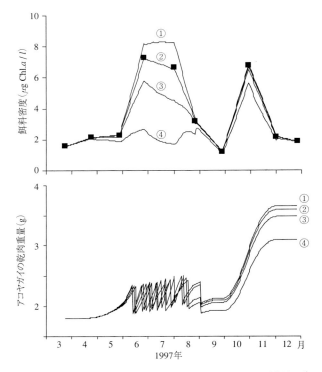

図3・3 五ヶ所湾におけるアコヤガイ養殖密度評価モデルの計算結果[2]. ①実際（1997年）の養殖密度の0.5倍, ②実際の養殖密度, ③2倍の養殖密度, ④7倍の養殖密度（最盛期（1970年頃）の養殖密度に相当）.

アコヤガイの成長や産卵に悪影響を及ぼすことを示している．今回の計算結果から考えると，五ヶ所湾においては，真珠養殖の最盛期（1970年頃）には過密養殖により餌不足状態であったが，1997年の養殖密度は餌料環境の面からみると良好な状態であったと推察される．

§3. 魚類養殖場の環境収容力評価

魚類養殖場においては，「漁場の自然浄化力の範囲内で生産できる最大の養殖量」を環境収容力として考える必要がある．1999年に施行された「持続的養殖生産確保法」を受けて定められた底質環境基準は，養殖によって負荷され

3. 海域での研究から：五ヶ所湾　*39*

た有機物（残餌，糞）が分解され生態系に組み込まれていく物質循環に着目しており，漁場の自然浄化力から養殖場の環境収容力を把握しようという考え方に基づいている．法律では対象とする養殖の種類を規定していないが，底質環境基準は主に魚類養殖を想定していると考えられる．本節では，この底質環境基準に関連して五ヶ所湾の魚類養殖場で行った研究[10] について述べる．

3・1　持続的養殖生産確保法

1）法律の概要

養殖漁場の環境改善と疾病の蔓延防止を目的として1999年に「持続的養殖生産確保法」が施行された．この法律は養殖漁場環境の改善と特定疾病の蔓延の防止を目的としており，生産者が自主的に漁場管理を行うことを趣旨にしている．そのために漁業協同組合などが漁場改善計画を作成するよう求めている．そして計画作成の目安となるように養殖漁場の改善目標に関する基準が農林水産省告示により示され，さらに状況が著しく悪化している養殖漁場を指定する基準（指定基準）が水産庁長官から都道府県に通達された．都道府県知事はこの基準を参考に養殖漁場の状態が著しく悪化していると認めたときは「漁場改善計画」作成を勧告し，従わないときは公表することができる．

2）環境基準

改善目標に関する基準および指定基準では，溶存酸素量，硫化物量，底生生物や飼育生物の斃死率が指標とされている（表3・1）．この中で，水質（溶存酸素濃度）については水産用水基準でも規定されている項目であり理解しやすい．飼育生物についても，累積死亡率が増加傾向にないという明確な基準であり，運用にあたって大きな問題はないと思われる．一方，底質（底生生物，硫

表3・1　持続的養殖生産確保法を受けて定められた環境基準

項目	指標	改善の目標となる基準	著しい悪化漁場（指定基準）
水質	溶存酸素	4.0 ml / l 以上	2.5 ml / l 以下
底質	硫化物	水底における酸素消費量が最大となるときの値を下回っていること	2.5 mg / g 以上
	底生生物	ゴカイ等の多毛類その他これに類する底生生物が生息していること	半年以上底生生物が生息していないこと
飼育生物	疾病による斃死率	連鎖球菌及び白点虫による累積死亡率が増加傾向にないこと	連鎖球菌および白点虫による死亡が低水温期でも毎年のように発生する

化物量)については，現場への適用性を危ぶむ意見があり検討が行われている．底生生物に関する基準では，底生生物出現の有無のみが問題とされており底生生物の質や量は検討されていない．底生生物による浄化作用を考慮した，より精度の高い基準へと改良する必要がある[11, 12]．また，硫化物に関する基準については，現場で基準値が決定された例は今のところない．

3) 底質環境基準（硫化物）

硫化物量に関する底質環境基準は，生物による浄化作用から養殖場の環境容量を把握しようという考え方[6-7]に基づいている．この考え方は，養殖によって負荷された有機物が分解され生態系に組み込まれていく物質循環に着目し，底質（堆積物）の酸素消費速度を指標としている（図3・4）．海底での酸素消費速度は，底生生物の呼吸と好気性細菌による有機物分解に依存するので，養殖により有機物が負荷されて底生生物が増えると酸素消費速度は増大する．しかし，有機物負荷が過剰になると，溶存酸素濃度が低下するとともに嫌気的分解が起こり硫化水素が発生して底生生物が減少する．その結果，有機物負荷がある量を超えると酸素消費速度は減少する．酸素消費速度が最大となるまでは海底の有機物は好気的に盛んに分解され生態系に円滑に組み込まれていると考えられるので，この酸素消費速度の最大値に対応する負荷量を養殖負荷の限度とし，そのときの硫化物量を環境基準値とすることができる．

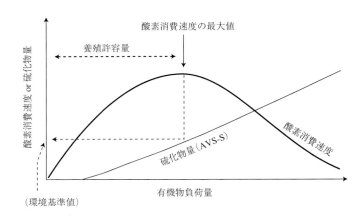

図3・4　底質の酸素消費速度に基づく環境基準（硫化物）の模式図

硫化物量に関する基準値を決定するためには，堆積物の酸素消費速度と硫化物量との関係から酸素消費速度の最大値を検出する必要がある．最も確実な方法は，ある養殖漁場において養殖負荷量（養殖量）を様々に変化させた実験を行い，それぞれの場合について酸素消費速度と硫化物量を測定して図3・4のような図を描く方法である．しかし，現実の養殖場でこのような実験を行うことは不可能である．これに代わる方法として，漁場の類型化による調査法が提案されている[7]．この方法では，地形や海水交換などの物理的な条件がほぼ同じ漁場を選び，酸素消費速度と硫化物量との関係を測定する．しかし，この類型化による方法で酸素消費速度の最大値が検出された例は今のところない．

さらに，同一湾内の漁場での調査から酸素消費速度の最大値を求めようとする試みもなされている[6, 13, 14]．これは同一湾内の複数点で酸素消費速度と有機物負荷量（または硫化物量）との関係を調べて図3・4のような図を描こうとする方法であるが，この方法で基準値が確実に求められた例はない．この環境基準を運用するためには，現場への適用性をさらに検証する必要がある．

3・2 数値計算モデルを用いた底質環境基準の検証

硫化物に関する環境基準については問題点も多く指摘されており，そのまま現場へ適用するのは難しい．そこで，数値計算モデルを用いて環境基準の現場への適用性を検証した．モデルでは有機物量，還元物質量（硫化物量）などは全て酸素当量で表した．酸素当量とは分解や酸化により酸素をどのくらい消費するかを表す量である．有機物負荷については海底面積当たり1日当たりの負荷量を酸素当量で表し，単位は μ mol O_2 / cm^2 / 日とした．

1）鉛直1次元モデル

鉛直1次元モデルにより有機物負荷と堆積物の酸素消費速度の関係を計算した．モデルでは，海水の上層（第1層），海底を挟む海水下層（第2層）と堆積物上層（第3層），および堆積物下層（第4層）の計4層を設定し，負荷有機物，溶存酸素，還元物質の鉛直1次元での平衡濃度を数値計算により求めた（図3・5）．モデルは次の方程式で表される[6, 10]．

$$De_1 \cdot dO_1 / dt = De_1 \cdot dOg_1 / dt = 0$$

$$De_2 \cdot dO_2 / dt = (A_{12} / \Delta Z_{a12}) \cdot (O_1 - O_2) - B_2 \cdot De_2 \cdot (O_2 - C) \cdot Og_2$$
$$- (A_{23} / \Delta Z_{a23}) \cdot (O_2 - O_3)$$

$$De_2 \cdot dOg_2 / dt = G - B_2 \cdot De_2 \cdot (O_2 - C) \cdot Og_2 - I \cdot Og_2$$
$$De_3 \cdot dO_3 / dt = (A_{23}/\Delta Z_{a23}) \cdot (O_2 - O_3) - B3 \cdot (O_3 - C) \cdot Og_3 - D \cdot S_3 \cdot O_3$$
$$De_3 \cdot dOg_3 / dt = I \cdot Og_2 - B_3 \cdot (O_3 - C) \cdot Og_3 - E \cdot Og_3 / (L \cdot O_3 + F)$$
$$- (K / \Delta Z_{k34}) \cdot (Og_3 - Og_4) - H \cdot Og_3$$
$$De_3 \cdot dS_3 / dt = E \cdot Og_3 / (L \cdot O_3 + F) - D \cdot S_3 \cdot O_3$$
$$- (J / \Delta Z_{j34}) (S_3 - S_4) - H \cdot S_3$$
$$De_4 \cdot dOg_4 / dt = De_4 \cdot dS_4 / dt = De_4 \cdot dO_4 / dt = 0$$

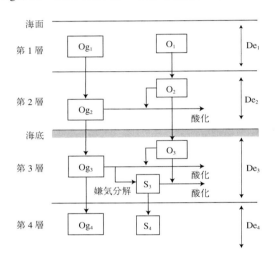

図3・5　鉛直1次元モデル模式図[6, 10]

　ここで，De_i，O_i，Og_i，S_iはそれぞれ第i層における層厚，溶存酸素濃度，有機物濃度および還元物質濃度，Gは第1層から第2層への有機物負荷速度，A_{ij}とΔZ_{aij}はそれぞれ第i層と第j層間の溶存酸素の移流分散係数および境界層の厚さ，B_2，B_3，Cはそれぞれ第2，第3層における有機物の好気的分解に関する係数および定数，Iは有機物の沈降速度，Dは還元物質の化学的分解に関する係数，E，L，Fは有機物の嫌気的分解に関する係数および定数，K，ΔZ_{k34}は第3，第4層間における有機物の移流分散係数および境界層の厚さ，J，ΔZ_{j34}は第3，第4層間における還元物質の移流分散係数および境界層の厚さ，Hは第3層から第4層への有機物および還元物質の移行速度である．

残餌や糞などの養殖に伴う有機物は海水上層に負荷される．この有機物は海水下層へ沈降して堆積物上層に堆積し，最終的には堆積物下層へ移動する．この間，海水中の有機物は分解されて酸素を消費する．堆積物中の有機物は，酸素が十分にある条件では酸素を消費して分解（好気的分解）され，酸素が少なくなってくると嫌気的分解により還元物質（硫化物）を生成する．生成された還元物質は化学的に酸化されて酸素を消費する．このモデルを用いて，養殖による有機物負荷量と底質環境との関係を調べることができる．

鉛直1次元モデルを用いた計算結果を図3・6に示した．有機物負荷量が少ない時には，下層水の溶存酸素は十分にあり，酸素消費のほとんどは生物的酸素消費で占められる．生物的酸素消費速度は，有機物が負荷された当初は有機物負荷に比例して増加するが，負荷量がさらに増加すると下層水の貧酸素化が進むことにより生物的酸素消費速度が押さえられる．その結果，有機物負荷がある値になると酸素消費速度は極大値をとり，その後減少に転じる．この酸素消費速度の最大値に対応する硫化物量が求めるべき環境基準値である．なお，酸素消費速度の値は鉛直拡散の大きさによって大きく変動する（図3・6d）．この

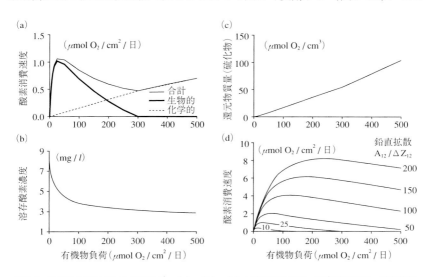

図3・6 鉛直1次元モデル計算結果[10]．(a)，(b)，(c)：酸素消費速度，溶存酸素濃度，硫化物量の計算例（鉛直拡散$A_{12}/\Delta Z_{12}=25$）．(d)：様々な鉛直拡散条件（$A_{12}/\Delta Z_{12}=25 \sim 200$）での酸素消費速度．

ことは，拡散の大きさが少しでも異なると，それぞれの場所で求めた酸素消費速度と有機物量との関係を同一の座標軸において比較できなくなることを意味する．漁場の類型化により酸素消費速度の最大値を求めるためには，酸素供給能力が厳密に等しく，有機物負荷量が異なる養殖場を多数選ぶ必要があるが，現実的には難しいと考えられる．

2）3次元モデル

堆積物の酸素消費速度は酸素供給速度の影響を強く受けるため，海水交換や水深など条件が変われば有機物負荷が同じでも酸素消費速度は異なる．酸素消費速度に基づく環境基準を実際の養殖場に当てはめるためには，湾の地形，海水交換，養殖場の配置などを考慮した上で有機物負荷と酸素消費速度との関係を明らかにする必要がある．そこで，3次元モデルを構築し，水平方向の移流拡散を考慮して堆積物の酸素消費速度を計算した．まず潮流を計算して物理的な拡散を求め，その結果を用いて有機物の拡散，酸素消費速度，溶存酸素濃度，還元物質の生成を計算し，各物質濃度の平衡濃度を求めた．

簡単のため長方形の湾を想定し，湾内全域に養殖施設が配置されていると仮定し，有機物負荷量を変化させて酸素消費速度を計算した（図3・7）．湾奥よりの地点（地点9〜19）では，有機物負荷の増大に伴い酸素消費速度はある値まで増加するものの，それ以降は次第に減少する．これが環境基準で求めるべき酸素消費速度の最大値であり，有機物負荷の許容限界量を表す（図中の矢印）．この許容量は湾口に近いほど大きく，地点5より湾口よりでは計算の範囲内では最大値をもたず，許容量はもっと大きいことになる．このように，3次元モデルを用いれば許容量を地点ごとに求めることが可能である．つぎに，同一湾内の複数点での調査による基準値の決定方法について検証した．現場調査では，ある現実の有機物負荷量のもとで，湾内の各地点において酸素消費速度と硫化物量との関係を調査することになる．図3・8aは計算結果を立体的に表したものである．ある地点（例えば地点17）について見ると，酸素消費速度はある有機物負荷で最大値をとる（図3・8b）．この負荷量が環境基準で求めるべき養殖許容量を表す．一方，同一湾内の複数点で調査をした場合には，ある一定の有機物負荷のもとで各地点の酸素消費速度を測定することになる．例えば有機物負荷50（μmol O_2 / cm^2 / 日）のときには湾中央付近で酸素消費速度が最大

3. 海域での研究から：五ヶ所湾　45

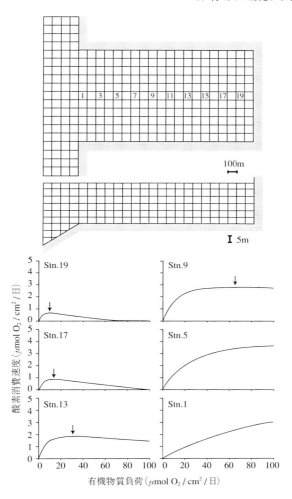

図3・7　上図：3次元モデルの計算格子（上：平面図，下：鉛直断面図）．下図：有機物負荷量と酸素消費速度との関係[10]．

となる（図3・8c）が，この最大値は環境基準（図3・8b）とは関係がない見かけ上のものである．つまり，同一湾内の複数点での調査によって酸素消費速度の最大値が検出されたとしても，その最大値は環境基準とは全く関係がなく，このような方法からは基準値を求めることができないことを意味している．

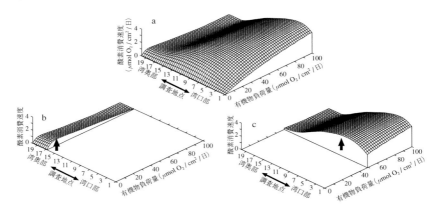

図3・8　3次元モデルの計算結果を立体的に表した[10]．bの矢印：酸素消費速度が最大となる有機物負荷量（環境基準）．cの矢印：同一湾内の複数点調査で求まる酸素消費速度の見かけの最大値．

3・3　数値計算モデルによる養殖許容量の試算

　これまで述べたように現場調査から底質の環境基準値を決定するのは困難であるが，3次元モデルを利用すれば基準値を決定できる可能性がある．つまり，ある養殖漁場において養殖負荷量（養殖量）を様々に変化させた場合の酸素消費速度と硫化物量を数値シミュレーションにより求めて図3・4のような図を描けばよい．図3・9は，五ヶ所湾の魚類養殖場に3次元モデルを適用し，有機物負荷量を変化させて酸素消費速度を計算して養殖許容量を試算した例である．図中の数字は面積当たり1日当たりの有機物負荷許容量を酸素当量で表しており（μ mol O_2 / cm^2 / 日），残餌や糞による海域への有機物負荷はこの値まで許容される．今回の計算結果では，約800 mしか離れていない枝湾口部と湾奥部とでは許容量に10倍以上の差があり，同じ湾内であっても養殖区ごとに養殖許容量は大きく変わることが示された．この環境基準を運用する場合には，養殖場全体を一様に扱うのではなく，養殖区あるいは施設ごとに基準値を考える必要がある．

　このように，3次元モデルは酸素消費速度に基づく底質環境基準を運用する上で有効な手段になることが期待される．今後，詳細な現場調査による検証やモデルの改良により，環境基準値の決定や適正養殖量の評価が実用可能になる

と考えられる．底質環境に関する研究をさらに進め，自然の浄化能力を最大限に生かした上で養殖生産を持続的に行うという法律の趣旨を漁場管理に反映させるための方法を模索していく必要がある．

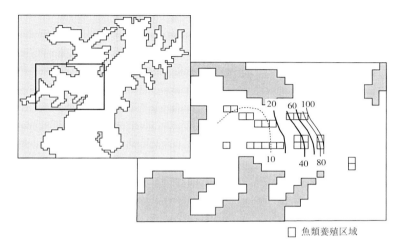

図3・9　五ヶ所湾における養殖許容量推定[10]．図中の数字は面積当たり1日当たりの有機物負荷許容量（μ mol O_2 / cm^2 / 日）を表している．

§4. おわりに

本稿では，養殖海域の環境収容力評価のために数値計算モデルを用いた例として，五ヶ所湾の真珠養殖場および魚類養殖場で行った2つの研究について述べた．実際の養殖現場では魚類養殖と二枚貝養殖が同じ湾内に同居している例が多く，また給餌養殖と無給餌養殖，藻類養殖を組み合わせた「複合養殖」の重要性も指摘されている．養殖海域の環境収容量を考える場合には海域内の生態系全体を考慮する必要があり，その際にも数値計算モデルは強力なツールと成り得るであろう．今後，現場調査によるモデルの検証や各素過程に関するモデルの精度向上が重要な課題であると考えられ，数値計算モデルによる環境収容量評価の実用化に向けてさらなる研究の進展が期待される．

文　献

1) 富士　昭：物質収支－貝類養殖，海面養殖と養殖場環境，（渡辺　競編），恒星社厚生閣，1990，pp.39-50.

2) 阿保勝之・杜多　哲：アコヤガイの生理と餌料環境に基づく養殖密度評価モデル，水産海洋研究，65，135-144（2001）.

3) 上野成三・高山百合子・灘岡和夫・勝井秀博：アコヤガイ代謝モデルと低次生態系モデルを統合した英虞湾の海域環境シミュレーション，海岸工学論文集，48，1241-1245（2001）.

4) 武岡英隆・橋本俊也・柳　哲雄：ハマチ養殖場の物質循環モデル，水産海洋研究，52，213-220（1988）.

5) M. J. Kishi, M. Uchiyama and Y. Iwata: Numerical simulation model for quantitative management of aquaculture, *Ecol. Modelling*, 72, 21-40（1994）.

6) K. Omori, T. Hirano and H. Takeoka: The limitations to organic loading on a bottom of a coastal ecosystem, *Mar.Pollut. Bull.*, 28, 73-80（1994）.

7) 武岡英隆・大森浩二：底質の酸素消費速度に基づく適正養殖基準の決定法，水産海洋研究，60，45-53（1996）.

8) 関　政夫：養殖環境におけるアコヤガイ，*Pinctada fucata* の成長および真珠品質に影響を及ぼす自然要因に関する研究，三重県水産試験場報告，1，32-149（1972）.

9) 沼口勝之：アコヤガイの餌料環境と摂餌生態，中央水研研報，8，123-138（1996）.

10) 阿保勝之・横山　寿：三次元モデルによる「堆積物の酸素消費速度に基づく養殖環境基準」の検証と養殖許容量推定の試み，水産海洋研究，67，99-110（2003）.

11) 横山　寿・西村昭史・井上美佐：熊野灘沿岸の魚類養殖場におけるマクロベントス群集と堆積物に及ぼす養殖活動と地形の影響，水産海洋研究，66，133-141（2002a）.

12) 横山　寿・西村昭史・井上美佐：マクロベントスの群集型を用いた魚類養殖場環境の評価，水産海洋研究，66，142-147（2002b）.

13) 愛媛県水産試験場：平成6年度魚類養殖対策調査委託事業報告（1995）.

14) 横山　寿・坂見知子：五ヶ所湾魚類養殖場における環境基準としての酸素消費速度の検討，日水誌，68，15-23（2002）.

4. 海域での研究から：大槌湾

小橋乃子[*1]・髙木　稔[*2]

§1. 岩手県の養殖漁業

　岩手県沿岸の海岸線は，そのほぼ中央に位置する宮古市・閉伊崎付近を境として南北にその特徴が異なっており，閉伊崎以北は湾入部の少ない隆起海岸地帯，以南は屈曲な海岸線に富む沈降海岸地帯（リアス式海岸）となっている（図4・1）．リアス式海岸の入り組んだ地形は外洋から打ち寄せる波に対して高い防波能力を有するため，閉伊崎以南に数多く存在する内湾域では比較的静穏な海面が維持されている．一方，沖合では，南からの黒潮北上分派と北からの親潮第一分枝，そして岸沿いに南下する津軽暖水の3海流が複雑に交錯しながら季節的にその位置関係を変化させている．これらの海流は内湾域の流動や水

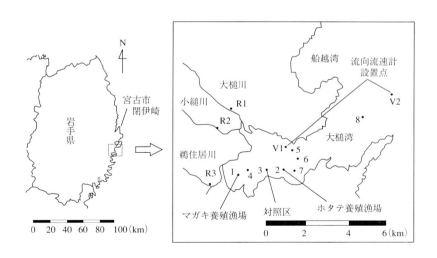

図4・1　岩手県沿岸（左）と大槌湾（右）

[*1] 東京大学大学院農学生命科学研究科
[*2] 岩手県水産技術センター

質環境に多大な影響を与えており，特に栄養塩に富む親潮は湾内の基礎生産や生物生産に大きな恵みをもたらしている[1]．また，このような自然条件は海面養殖にとって良好な環境を提供しており，南部の静穏なリアス式海岸を中心に岩手県沿岸のほぼ全域で海藻類，貝類，マボヤなどの無給餌養殖が盛んに行われている．

　全国での生産量のシェアを見ると，岩手県のワカメ類は全国第1位（シェア40.5％に相当），コンブ類は第2位（シェア24.2％），ホタテガイ・カキ類は第4位（それぞれシェア3.3％・6.2％）となっており[2,3]，岩手県での養殖生産は全国においても主要な位置を占めていることがわかる．岩手県内においても，ワカメ，コンブ，カキ，ホタテガイの4品目は海面養殖全体の約98％の生産量（56,665 t）を占めており，生産額でも約93％（105.6億円）に達している[2-4]．主要4品目（ワカメ，コンブ，カキ，ホタテガイ）の養殖は，いずれも天然の海水中に存在する栄養分のみを餌料として利用する「無給餌型養殖」であり，更に，それら複数種が同一の湾内で養殖されることが多いため，岩手県の海面養殖業を敢えて一言で表現するならば，「無給餌型の複合養殖」として特徴づけることができる．

　海面養殖業は，上記の「無給餌型養殖」と，マダイやブリ・ハマチ類などの養殖に代表される「給餌型養殖」に大別される．残餌などによる水質や底質への負荷が大きい給餌型養殖に比べると，無給餌型養殖は環境への負荷が少ないという利点をもち，更に，人為的な給餌を行わないことから，無給餌型養殖での漁獲は陸域から沿岸域に流入した人為起源の栄養塩や有機物の負荷を定期的に回収するといった役割も有している．

　このように，無給餌型養殖は給餌型養殖と比較して環境負荷の少ない養殖形態ではあるが，貝類養殖が長年に渡って実施されると，貝類の排泄物による漁場環境の悪化がやはり問題となってくる．岩手県沿岸においても，漁場の疲弊化が懸念されており，近年の養殖生産量の減少傾向と関連付けて（図4・2），現場では環境収容力を超えた過密養殖を危惧する声も高まっている．

　このような状況を踏まえて，岩手県下における養殖漁場の環境収容力を科学的に明らかにしようとする試みがいくつかなされている．例えば，大槌湾を対象とした数値シミュレーションからは[5]，養殖密度を極端に大きくしない限り

漁場に対する養殖密度の影響は見られないという結果が得られている．また，特別な対策を講じなくても2004年度の養殖生産量は2003年と比べて15％増となっており，天候や海象が養殖に適した条件を満たせば生産量が大幅に増加する可能性も示唆される[6]．これらの結果から判断すると，近年の養殖生産量の減少傾向を一概に漁場環境の悪化に拠るものと決めつけことはできない．

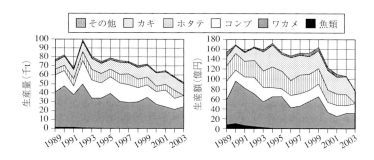

図4・2　岩手県における養殖の生産量（左）と生産額（右）の推移（1989～2002年）[3, 4]

いずれにしても，将来に渡って持続可能な養殖を実現するためには，養殖漁場の環境収容力について更に詳細な知見を得ることに加えて，科学的根拠に基づいた具体的な養殖管理手法を開発・実施することが不可欠と考えられる．本稿では岩手県のリアス式海岸のほぼ中央に位置する大槌湾を対象に，筆者らの研究グループが目指す持続可能な養殖管理手法のあり方について紹介する．

§2．大槌湾での共同研究プロジェクト

総合的な養殖管理を適切に実施するためには，対象海域の物質輸送のメカニズムを定量的に把握する必要がある．このため，従来より数値モデルを活用した多くの研究がなされており，養殖管理ツールとしての数値シミュレーションの有効性が示されている[7]．一方，数値モデルを実際に利用できるレベルにまで高めるには，その精度を検証したり，モデルを改良したりするための，質のよい豊富なデータが必要となる．筆者らの研究グループは，対象フィールドとして岩手県大槌湾を選定した．大槌湾ではワカメ，カキ，ホタテなどが複合的に養殖されており，岩手県沿岸における典型的な養殖形態が取られている．ま

た，同湾の周辺には東京大学海洋研究所国際沿岸研究センターがあり，大槌湾の過去30年間に渡る気象・海象などのデータや研究成果が数多く蓄積されていることから，同湾は本研究の対象海域として格好のフィールドと言える．

筆者らは1999年から2003年にかけての「海洋環境国際共同研究プロジェクトにおける物質循環研究プログラム」[*3]の一環として，大槌湾を対象に精力的な現地調査を実施するとともに，養殖管理のための環境収容力を評価するモデルの構築を行っている．図4·3は持続可能な養殖管理を実施するまでの筆者らのシナリオをまとめたものである．現時点では第1フェイズの終了を目指している段階ではあるが，現地調査と数値シミュレーションについては既にいくつかの成果が得られている．本稿では現地調査の結果に基づいて，まず§3.で大槌湾における養殖業の問題点と水環境の特性を概説する．次に，§4.において大槌湾における養殖管理の具体的な手法ついての考え方，ならびに実際の管理ツールである養殖管理モデルの枠組みについて述べる．

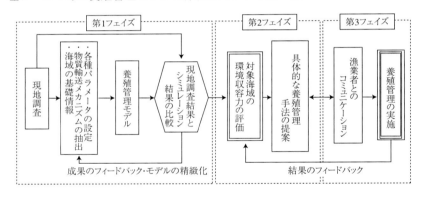

図4·3　持続可能な養殖管理実現のためのシナリオ

§3. 大槌湾の養殖環境
3·1　大槌湾における養殖とその問題点

大槌湾では，湾内の岸沿いに区画漁業権が割り当てられており[8]（図4·4），

[*3] 同プロジェクトは沿岸養殖漁業の持続的な発展を目指して，岩手県，東京大学，国連大学の3機関により共同で実施されたものである．

そこではワカメ，ホタテガイ，カキ類などの養殖が活発に行なわれている．ワカメ養殖は比較的湾口付近で行われることが多く，海水の鉛直混合によって湾内底層から表層へ供給される栄養塩と，沿岸に接近する親潮第一分枝によって直接もたらされる栄養塩とがワカメの成長に利用されている．栄養塩の中でも，硝酸態窒素がワカメの成長に大きく影響を及ぼしていることが知られており，ワカメの本養生の時期（10～11月頃）に海水中の硝酸態窒素の値が$10\,\mu g/l$以下になると，ワカメの芽が脱落するといった問題が生じる．また，栄養塩の摂取に対して競合関係にある植物プランクトンがワカメの収穫時期（2～4月）に増殖し海水中の硝酸態窒素が$20\,\mu g/l$以下になると，ワカメの色落ちなどの品質低下が見られるようになる．更に，ワカメの品質を低下させる付着生物や寄生生物は海水とともに移動・拡散するため，被害の拡大には海面付近の流れが大きく影響していることも明らかになっている[9]．

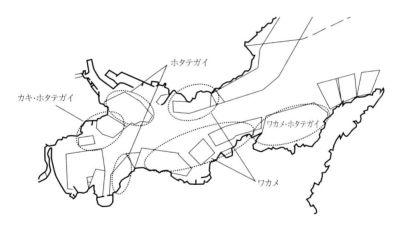

図4・4　大槌湾における区画漁業権の行使領域[8]と養殖生産物の養殖場所

　大槌湾における貝類養殖の問題として，湾内の低い餌密度に起因したカキやホタテガイの身入り不足や成長不足があげられる．大槌湾内で養殖されているカキ・ホタテガイ類は湾央部から湾奥側までの全水量をおよそ18日間で濾過する能力があるが，湾内の水塊は場合によっては1日から数日で入れ替わるという試算結果から判断すると[10]，湾内の餌密度は湾内水よりもむしろ外海水によって強く影響を受けていると言える．外海のプランクトン密度は通常湾奥部

よりも低いことが多いため，大槌湾の高い海水交換能力はむしろ餌密度を制約する主要な要因となっている．言い換えるならば，大槌湾は清んだ海域ではあるが，無給餌養殖を営む立場からすると，栄養塩類や懸濁態有機物に乏しい海域と位置づけることができる．このため，漁場悪化という養殖業がもつマイナス面を常に勘案しながら，限られた餌料をどのように循環させ，分配していくのかということが，同海域における養殖管理の主要な課題となっている．

3・2　大槌湾の水環境特性

1）気象条件と流動

大槌湾は，湾幅約 2 km，奥行き約 7 km の長方形に近い形状を有しており（図 4・1），水深 80 m の湾口から水深 40 m の湾央部まで，ほぼ一定の勾配で海底が傾斜している．やや北側を向いた湾口は，外海からの波浪，うねり，内部潮汐などの影響を直接受けている．湾奥からは大槌川，小鎚川，鵜住居川の 3 河川が流入しているが，それらの合計流量は年平均値で 15 m³/秒程度である．

大槌湾の風の特徴を調べてみると，秋から冬にかけては山から吹き下ろす北西から西北西の風が支配的であるのに対し，4 月に入る頃から東風の出現が次第に多くなっている．冬季の流動は北西風に誘起された吹送流によって，「表層流出・底層流入」の流動パターンが顕著に見られる．夏季になると恒常的な鉛直循環流のパターンは見られなくなり，「表層流出・底層流入」および「表層流入・底層流出」の流動構造が交互に生じるようになる[10]．また，内部潮汐による外海水の進入もしばしば生じている[11]．このような流速の鉛直分布の測定結果から，大槌湾では 1 日から数日で西半分の水塊が入れ替わることもあるといった試算もなされている[10]．更に，3 台の ADCP を用いた湾央部の流況観測から，湾の北岸から中央部にかけて「流入」，湾の南岸沿いでは「流出」といった比較的強い水平方向の残差流の存在も明らかにされている．

2）基礎生産力

植物プランクトンの増殖は，栄養塩摂取の競合関係にあるワカメに対しては「負の寄与」として，一方，捕食者である二枚貝に対しては餌料の供給という「正の寄与」として作用する．このため，大槌湾の基礎生産メカニズムを把握することは，養殖の総合管理を行うための基本的な課題となっている．以下に 1999 年から 2000 年にかけて実測されたデータを中心に，大槌湾におけるプラ

ンクトンブルームの発生メカニズムを整理した．季節ごとに平均を取った，各種水質項目（クロロフィルa濃度，硝酸態窒素＋亜硝酸態窒素濃度，塩分，水温，σ_θ：海水密度ρ(s, t, p)-1000）の鉛直分布を図4・5に示した．

冬季の大槌湾では，恒常的な北西風による「表層流出・底層流入」の鉛直循環流が卓越し，その流れによって湾外の高栄養塩が湾内下層へ供給されている．活発な鉛直混合によって上層に運ばれた栄養塩は前述のようにワカメ養殖などに一部利用されているものの，冬季の間湾内の栄養塩濃度は比較的高い値に維持されている（図4・5）．大槌湾の春のブルームは湾内底層に供給される外海由来の栄養塩を主に利用して発生し，更にその盛衰は風の吹き方と密接に関係

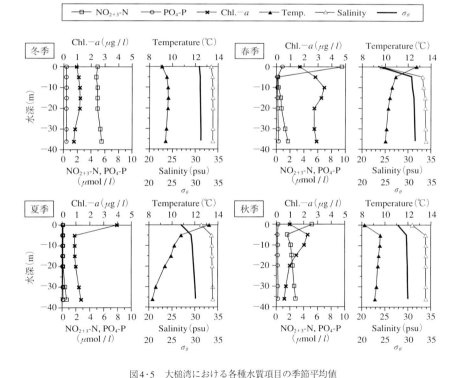

図4・5 大槌湾における各種水質項目の季節平均値
（各観測日：春季：2000/4/18, 20, 25, 27, 5/10, 12, 17, 19，夏季：2000/7/4, 6, 19, 21, 26, 28, 8/2, 4，秋季：1999/10/26, 11/2, 4, 9, 11, 17, 19, 22, 24，冬季：2000/1/24, 26, 2/2, 4, 14, 16，測定場所：St.6（図4・1））

しているという事実がFuruyaら[12]によって指摘されている．図4・5に示す春季のクロロフィルa濃度の鉛直分布は，表面下10 m付近でピークをもち，表層で最小値を示す．この時，表層には高栄養塩・低塩分の水塊が存在しており，本観測結果からも河川由来の栄養塩は春の植物プランクトンのブルームにあまり寄与していないことがわかる．

　一方，夏季には全水深に渡って栄養塩がほぼ枯渇しており，クロロフィルa濃度も全体的に低い値を示すものの，表層では顕著なクロロフィルa濃度の上昇が見られている．大槌湾に流入する3河川からは年間を通じて62〜278 mol/時と多量の窒素分が流入しているため，この結果は，夏季においては春季と異なり河川由来の栄養塩を利用して植物プランクトンが増殖していることを示している．

　夏季と春季の結果の相違を引き起こす要因として，①卓越する風向が春季（沖向きの風），夏季（岸向きの風）とでは異なっており，この結果，表層水塊の湾内の滞留時間が春季では短く，夏季では長くなっていること，②植物プランクトンの優占種が表層水の特徴である「低塩分・強光環境」に耐性をもつ種に変動したこと，の2つの可能性が考えられるが，今のところ両者の影響を明確にできる観測結果は得られていない．北西風が次第に勢力を増す秋季になると，春ほど大きな値を示さないものの栄養塩やクロロフィルa濃度の鉛直分布は春季と同様のパターンを示すようになる．

　以上のように詳細なメカニズムについてはいくつか不明な点がまだ存在するものの，大槌湾の基礎生産力は，基本的には「主に風によって規定されている流動構造」，「外海と河川からの栄養塩供給」，「植物プランクトンの優占種の変動」の3者が主要因となって変化しており，従来の研究とも一致する結果が得られている．

3）養殖イカダ付近の底泥環境

　大槌湾での水質・底質環境に対する二枚貝養殖の影響を調べるために，養殖施設内の沈降物質量の調査を実施した．本調査では，マガキ養殖漁場（St.1；図4・1），ホタテガイ養殖漁場（St.2）および対照区（ワカメ養殖漁場：St.3）の3ヶ所で，深度5 mおよび20 mの地点にセディメントトラップを設置し，採取された沈降物質中に含まれる有機態窒素の量を測定した．年間を通じて貝

類養殖施設の直下では対照区よりも有機物の沈降量が明らかに多い（図4・6）．特に，ホタテガイの養殖施設直下における堆積量が多く，ホタテガイの摂餌が活発になる春から夏にかけては1日当たり2〜4 mg / m^{2}の有機態窒素が沈降するという結果が得られた．

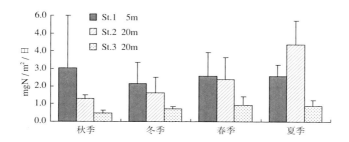

図4・6 養殖施設直下の底層で採取された沈降物質中の有機態窒素量の季節変化

そこで次に，ホタテガイの養殖施設直下においてコアサンプラーを用いて採取した底泥を実験室に持ち帰り，暗条件下で一定温度（10℃および20℃）を保ちながら，静水状態での底泥上2 cmにおける海水のDO濃度の時間変化を計測した．図4・7の結果を見ると，海水の溶存酸素消費速度は水温10 ℃の場合には0.094 mg / l / 時，水温20℃では0.17 mg / l / 時となっている．大槌湾では8月中旬以降になると底層水温が20℃近い値を示すことから，夏季にお

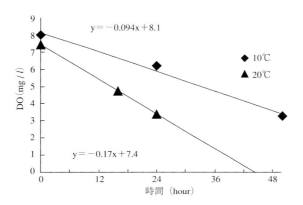

図4・7 ホタテガイ漁場における底泥直上水中のDO濃度の時間変化（室内実験）

いて仮に酸素供給が2日ほどされないと，ホタテガイ養殖施設直下の底泥上では無酸素水塊が形成されることになる．

しかしながら，ホタテガイ漁場の海底近傍（底泥上2 m）の溶存酸素は，最小値でも6 mg / l 程度の値を示しており，実際には貧酸素化の傾向は全く見られなかった（図4・8）．夏季には顕著な密度躍層が形成されていることを考慮すると，この結果は海水交換による水平方向からの溶存酸素の供給が活発であることを示している．

このように，大槌湾の養殖イカダ直下の底質には，貝類の排泄によって現状においても既に有機物が高濃度に含まれているが，活発な海水交換によって，貧酸素水塊の発生が抑制されているといった，大槌湾の養殖環境の現状に関する重要な知見が本プロジェクトによって得られている．

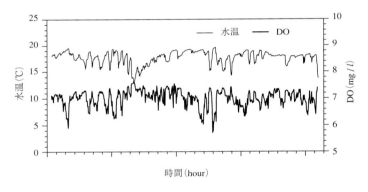

図4・8　ホタテガイ漁場における底層のDO濃度の時間変化
（St.2，海底上2 mの地点で実測）

§4．持続可能な養殖管理手法の確立
4・1　養殖管理のための具体的な手法

以上のような特徴を有する大槌湾において，持続的な養殖業の発展を実現するためには，具体的にはどのような養殖管理手法が考えられるのだろうか？岩手県沿岸における無給餌養殖の利点を活かして，筆者らは，①養殖イカダ内の最適な養殖密度，②湾内における養殖イカダの最適な空間配置，③湾内における養殖水産物の最適な組み合わせとその割合，といった3つの具体的な手法

を有効に活用していきたいと考えている．これらの手法に関する既往の知見を以下に概説する．

1）養殖密度

養殖密度の調整は，各養殖業における最も標準的かつ基本的な管理手法である．このため，単一の水産物を対象とした場合の最適な養殖密度に関してはこれまでも比較的多くの研究例が存在している[13, 14]．複合養殖を対象とした場合についても，中国・Sanggou 湾における *Chlamys farreri*（赤皿貝），*Crassostrea gigas*（マガキ），*Laminaria japonica*（マコンブ）の複合養殖を対象として，養殖対象種の養殖密度の組み合わせによって，効率的な養殖管理が可能なことが示唆されている[15]．このように適正な養殖密度については数値シミュレーションに基づいた比較的数多くの知見が得られているものの，それらが実用に結びついたという事例はほとんどない．現場における養殖密度の管理は，現状ではむしろ経験的に運用されているのが実状である．

2）養殖イカダの空間的な配置

養殖イカダの最適な空間配置についての研究例は数少ない[16]．しかしながら，例えば広島湾では，赤潮などの被害を避けながらカキの実入りも確保するために，漁場環境のよい沖合漁場と餌料に富む沿岸域漁場の2つの漁場が養殖時期によって使い分けられており[17]，養殖イカダの空間的な配置を適切に管理することの有効性が経験的に知られている．したがって，数値シミュレーションによって餌料密度などの時空間的変化を正確に予測し，キメ細かに養殖イカダの空間的配置を管理することによって，生産量の更なる増大が期待される．

3）養殖対象種の種苗割合

岩手県の養殖は「複数種の養殖」が大きな特徴であるが，その組み合わせや種苗の割合が生産量におよぼす影響については全く検討がなされておらず，複合養殖が有するポテンシャルを十分に活かしきっているとは必ずしも言えない．競合関係にある種間に対して投入種苗の割合や養殖期間の組み合わせを調節することによって，全体の生産量が大きく異なってくるとの数値シミュレーション結果も得られていることから[16]，種苗割合の管理によって生産量を増加できる可能性も十分に考えられる．

以上のように，ここ数年の間に養殖管理に関する数多くの研究成果が得られ

ているが，その内容は個別の手法の有効性をシミュレーションによって検証したものがほとんどであり，実用に結びついた事例はほとんど存在しないように思われる．これまでの岩手県における養殖漁業の管理は他の海域と同様にいずれも経験的な手法に頼ったものである．したがって，上記の手法を単独に用いたり，あるいは適切に組み合わせたりすることで，無給餌養殖の利点を活かしつつも大幅に生産量をアップさせることが十分に期待できる．

4・2 環境収容力評価モデルの構築

以上のような総合的な養殖管理を実現するためには，数値シミュレーションによる養殖環境の評価・予測を行うことが不可欠である．以下に筆者らの開発している数値モデルの概要を紹介する．数値モデルは次の3つのサブモデルによって構成される．

1) 3次元流動モデル
2) 養殖水産物をコンパートメントとして加味した浮遊生態系モデル
3) 底質モデル

以下の理由により，これまで養殖場の環境収容力の評価するために最もポピュラーに用いられてきたBOXモデルではなく，3次元モデル[18, 19]を本研究は採用している．

1) 大槌湾の物質輸送を支配する吹送流に誘起された鉛直循環流を適切に再現する必要がある．

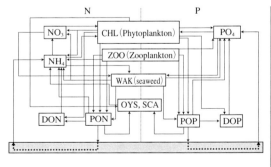

図4・9 生態系モデルによる浮遊系物質循環の概念図

4. 海域での研究から：大槌湾　61

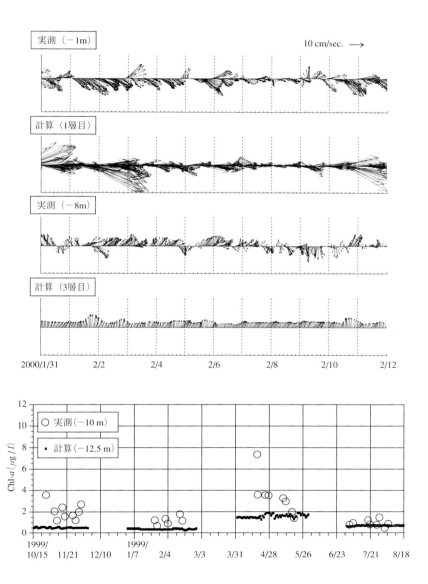

図4・10　数値シミュレーション結果と実測データの比較
上図：流速データの比較（St.V1;図4・1），下図：クロロフィルaの比較（St.6;図4・1）

2）養殖イカダの空間分布を調節することの効果を評価する必要がある．

3）流動構造や栄養塩の分布が，河川からの淡水流入や日射によって形成される密度成層場によって変化している．このため，密度成層の鉛直構造を適切に再現する必要がある．

更に，湾内で養殖されるワカメ，ホタテガイ，カキを組み込んだ生態系モデルを新たに開発した（図4・9）．結果の一例として湾中央部における流速ならびにクロロフィルaの計算結果と実測結果の比較を示す（図4・10）．観測データの不足から，現在のモデルにおいては詳細な季節変動が組み込まれておらず，イベント的な変動は考慮されていないものの，流況ならびに各種水質指標の季節ごとの平均的な変動については比較的良好な再現計算結果が得られている．

現在は各サブモデルを更に精緻化している段階であり，現地観測結果をフィードバックすることによって，今後実用的な養殖管理モデルを構築できるものと考えている．その一方で，メカニズムが定かではない貝毒の影響や異常気象によるリスクをどのように養殖管理モデルに組み込み，評価していくのかといった点が将来的に取り組むべき課題となっている．

4・3　養殖管理の評価基準

持続的な養殖管理を実現するためには，その具体的な管理基準を適切に設定する必要がある．環境管理の1つの指標として，従来より「環境収容力：carrying capacity」という概念が導入されることが多い．以下にその考え方を整理する．Kashiwai[20]に拠ると「環境収容力という語は，個体群成長への制約としての生態系の生産性一般を表すものとして用いられている」と解釈されているが，実際の評価においてはこの概念を基にして，より具体的な定義が個別になされている．例えば，CarverとMallet[21]は環境収容力を「養殖対象種の成長速度に影響を与えない範囲において生産量が最大となるような資源密度」と定義している．一方，Bacherら[22]は「商用規格に相当する養殖対象種の年間生産量が最大となるときの資源量」といった定義をしている．養殖業においては一般に商用規格に達した個体のみが選別されて収穫されることから，本研究プロジェクトにおいてもBacherら[22]の養殖環境収容力の定義に基づいて養殖の管理指標を具体的に設定することが妥当と考えられる．

このように，概念的な指針については既往の研究が数多く存在するが，実際

の養殖管理においては更に具体的に，①管理のタイムスケール（どの程度のタイムスケールで生産量を最大とするか，またどの程度の時間スケールで漁場の疲弊化を評価するのか），②着目すべき現象（赤潮の発生，底層の貧酸素化など），③空間スケール（周辺漁業の影響など），といった点についての管理基準を漁業者との協議を交えながら具体的に設定していく必要がある．このような具体的な管理基準の設定については今後の課題となっているが，数値シミュレーションの結果は（完璧な予測は現実的には不可能であるが）客観的・論理的な数値情報を提供するため，管理基準の設定において漁業者や関係者との有効なコミュニケーションツールとして大いに活用されることが期待される．

§5. おわりに―持続可能な養殖管理の確立を目指して―

本稿では，岩手県・大槌湾を対象に実施されている「持続可能な養殖管理のための研究プロジェクト」の枠組みを現地観測と数値シミュレーションの成果を中心に概説した．まだ研究の途中段階ではあるものの，今後の研究の推進によって，近い将来，養殖管理手法の新たな形を岩手県から全国に発信できるものと考えている．

謝　辞

本稿を作成するにあたり，東京大学古谷研教授，乙部弘隆博士，北海道大学岸道郎教授に多くのご助言をいただいた．ここに記して，深甚なる謝意を表します．

文　献

1）岩手県農林水産部：平成15年版岩手の水産，2003，pp.8．

2）東北農政局盛岡統計・情報センター：平成14年度農林水産統計，2004．

3）東北農政局盛岡統計・情報センター：平成11～14年岩手県漁業の動き，2004．

4）東北農政局岩手統計情報事務所：岩手平成元年～10年農林水産統計年報（水産編），1989-1998．

5）M. J. Kishi, N. Higashi, M. Takagi, K. Sekiguchi, H. Otobe, K. Furuya and T. Aiki: Effect of aquaculture on material cycles in Otsuchi Bay, Japan, *Otsuchi Mar. Sci.*, 28, 65-70（2003）．

6）東北農政局盛岡統計・情報センター：平成16年岩手県の海面漁業・養殖業生産量（概数），2005．

7）M. J. Kishi, M. Uchiyama and Y. Iwata: Numerical simulation model for quantitative management of aquaculture, *Ecol.*

Modelling, **72**, 21-40（1994）.

8）岩手県：平成12年度区画漁業権行使状況
報告書，2000.

9）岩手県：ワカメ養殖ハンドブック，2004.

10）四竈信行：大槌湾の海水流動の特徴，大槌
臨海研究センター報告，**16**，75（1990）.

11）乙部弘隆・竹内一郎・小梨正一郎：大槌湾
七戻崎付近の海水流動，東京大学海洋研究
所大槌臨海研究センター報告，**21**，51-58
（1996）.

12）K. Furuya, K. Takahashi and H. Iizumi:
Wind-dependent formation of phytoplank-
ton spring bloom in Otsuchi Bay, a ria in
Sanriku, Japan, *J. Oceanog*r. **49**, 459-475
（1993）.

13）阿保勝之・杜多 哲：アコヤガイの生理と
餌料環境に基づく養殖密度評価モデル，水
産海洋研究，**65**（4），135-144（2001）.

14）前田 一：広島湾のカキ適性養殖密度，水
産海洋研究，**64**（4），302-304（2000）.

15）J. P. Nunes, J. G. Ferreira, F. Gazeau, J.
Lencart-Silva, X. L. Zhang, M. Y. Zhu
and J. G. Fang : A model for sustainable
management of shellfish polyculture in
coastal bays, *Aquaculture*, **219**, 257-277
（2003）.

16）P. Duarte, R. Meneses, A. J. S. Hawkins,
M. Zhu, F. Fang and J. Grant: Mathemati-
cal modelling to assess the carrying
capacity for multi-species culture within
coastal waters, *Ecol. Modelling*, **168**,
109-143（2003）.

17）崎長威志：カキ養殖適正化対策，水産海洋
研究，**64**（4），304-306（2000）.

18）M. Kawamiya, M. J. Kishi, M. D. Kawse
Ahmed and T. Sugimoto: Causes and
consequences of spring phytoplankton
blooms in Otsuchi Bay, Japan, Cont.
Shelf Res.

19）Y. Oshima, M. J. Kishi and T. Sugimoto:
Evolution of the nutrient budget in a
seagrass bed, *Ecol. Modelling*, **115**, 19-
34（1999）.

20）M. Kashiwai : History of carrying
capacity concept as an index of
ecosystem productivity（Review），Bull.
Hokkaido Natl, *Fish. Res. Inst.*, **59**, 81-
100（1995）.

21）C.E.A. Carver and A.L. Mallet: Estima-
tiong the carrying capacity of coastal
inlet for mussel culture, *Aquaculture*, **88**,
39-53（1990）.

22）C. Bacher, P. Duarte, J. G. Ferreira, M.
Heral and O. Raillard : Assessment and
comparison of the Marennes-Oleron Bay
（France）and Carlingford Lough（Ireland）
carrying capacity with ecosystem models,
Aquatic Ecol., **31**, 379-394（1998）.

5. 海域での研究から：陸奥湾
－陸奥湾におけるホタテガイ適正収容量－

吉田　達[*1]・吉田雅範[*2]・小坂善信[*1]・佐々木克之[*3]

　陸奥湾のホタテガイ増養殖漁業は，1975年の大量斃死を克服し，近年は100億円産業にまで発展してきたものの，依然として総量規制値を上回る過剰生産状態が続いている．現在の適正収容量は1974～1975年の調査に基づくものであり，その後の増養殖技術，生産体制および漁場環境などが変化していることから，ホタテガイ適正収容量の見直しを行い，陸奥湾におけるホタテガイ増養殖の持続的安定生産を図る必要がある．

　そこで，図5・1に示す地点で2000年5月から2003年2月にかけて，基礎生産量，海水中のPOC（particulate organic carbon）量，沈降粒子中の炭素量，動物プランクトン摂餌量・排泄量を調査したほか，養殖および地まきホタテガイ，養殖付着物，底生生物の摂餌量・排泄量，海藻枯死による有機物添加量，湾外などからの有機物流入量を既存資料から試算し，陸奥湾におけるホタテガイの適正収容量を求めた．

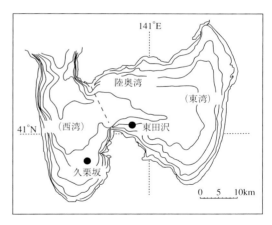

図5・1　基礎生産量などの調査地点

[*1] 青森県水産総合研究センター　増養殖研究所
[*2] 青森県水産総合研究センター
[*3] 元（独）水産総合研究センター中央水産研究所

§1. 基礎生産量などの調査結果
1・1 基礎生産量，海水中のPOC量，沈降粒子中の炭素量

^{13}C法による擬似現場法での日間水柱積算基礎生産量を図5・2に示す．久栗坂沖では10～1,058 mgC/m^2/日の範囲で，鉛直混合期にピークを示し，春から秋にも比較的高い値があり，冬期間は低い値で推移した．東田沢沖では8～298 mgC/m^2/日の範囲で，鉛直混合期のピークが見られず，久栗坂沖と比較しても全体的に低い傾向を示した．

海水中のPOC量は，久栗坂沖は3,660～11,208mgC/m^2，東田沢沖は

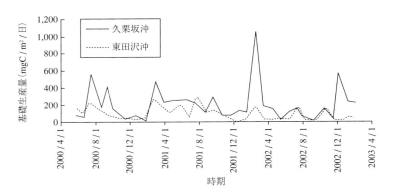

図5・2 単位面積当たりの基礎生産量の推移

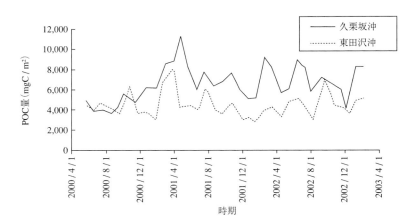

図5・3 単位面積当たりのPOC量の推移

2,686〜8,057 mgC / m²の範囲で，久
栗坂沖の方が東田沢沖よりも高い傾向
で推移した（図5·3）．

セジメントトラップで収集した沈降
粒子中の炭素量は，38.5〜301.9 mgC
/ m² / 日の範囲であった（表5·1）．な
お本稿では基礎生産量やPOC量は，
水深別ではなく水柱積算値として表記
したため，養殖漁場における物質収支

表5·1　セジメントトラップで収集した久栗坂
沖における沈降粒子中の炭素量

調査日	炭素量（mgC / m² / 日）
2000/8/23	41.3
2000/11/14	170.8
2001/6/20	149.6
2001/9/19	301.9
2001/10/22	78.0
2003/1/8	38.5
2003/2/4	63.5

を計算するために，後述の動物プランクトンやホタテガイなどの摂餌量や排泄
量についても同様に単位面積当たりで表す．

1·2　動物プランクトン

200μm以上の肉食性を除く動物プランクンのうちコペポーダなどの摂餌量
を，Ikeda and Motodaの計算式[1]を用いて，排泄量は*Calanus hyperboreus*
の同化率[2]を用いて，それぞれ求めた．二枚貝浮遊幼生の摂餌量は，アコヤガ
イ浮遊幼生の殻長別摂食細胞数[3]と，植物プランクトン1個体当たりの平均的
な炭素量を用いて，排泄量はイタヤガイ浮遊幼生の消化率[4]を用いて，それぞ
れ求めた．ホヤ類の摂餌量は，*Oikopleura vanhoeffeni* 1個体当たりの濾水量
[5]と海水中POC量から，排泄量はコペポーダと同様の率を用いて，それぞれ
求めた．

200μm以上の動物プランクンの摂餌量は，久栗坂沖では20〜850 mgC /
m²/ 日の範囲で，東田沢沖では8〜759mgC / m² / 日の範囲で推移し，夏にピ
ークがあり，冬から春にかけて低い傾向を示した（図5·4）．なお，排泄量は
久栗坂沖では3〜270mgC / m² / 日の範囲で，東田沢沖では7〜304 mgC / m² /
日の範囲で推移し，摂餌量と同じ傾向を示した．

20〜200μmの微小動物プランクトンのうち繊毛虫の摂餌量は，増殖速度[6]
と総成長効率[7]を用いて摂餌速度を求め，現存量（乾燥重量）に摂餌速度を乗
じて求めた．また，排泄量は，繊毛虫の窒素換算の排泄量[8]とC/N比[9]を用
いて計算した．また，繊毛虫以外の微小動物プランクトンの摂餌量，排泄量は，
コペポーダと同様の手法により計算した．

20～200μmの微小動物プランクトンの摂餌量は，久栗坂沖は2～203mgC / m^2 / 日の範囲で，東田沢沖は0～261mgC / m^2 / 日の範囲で推移した（図5・5）．両地点とも夏に高く，冬から春にかけて低い傾向を示した．なお，排泄量は久栗坂沖では1～77mgC / m^2 / 日の範囲で，東田沢沖では0～97mgC / m^2 / 日の範囲で推移し，摂餌量と同じ傾向を示した．

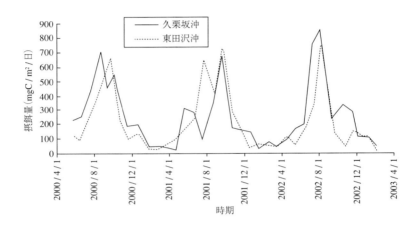

図5・4　単位面積当たりの動物プランクトン（200μm以上）の摂餌量の推移

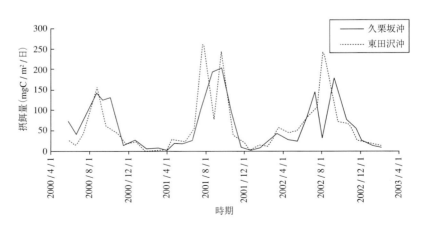

図5・5　単位面積当たりの微小動物プランクトン（20～200μm）の摂餌量の推移

§2. 既存資料からの試算結果
2・1 ホタテガイ

養殖および地まきホタテガイの摂餌量を成長量，呼吸量，排泄量，放卵量から計算した．成長量は軟体部重量の増減から計算し，呼吸量は蔵田の計算式[10]を用いて求めた．排泄量はFujiの調査結果[11]を用い，放卵量は母貝調査における生殖腺重量の増減から求めた．

西湾，東湾における養殖ホタテガイの摂餌量，排泄量の推移を図5・6に示した．摂餌量は，西湾では68〜178mgC／m^2／日，東湾では37〜89mgC／m^2／日で推移した．両湾とも，1年貝と2年貝を保有し，かつ，水温の上昇とともにホタテガイの成長が伸びる4月が摂餌量のピークとなっていた．その後は，1年貝や2年貝の出荷，水温の上昇による活力低下に伴い，夏期以降の摂餌量は低く推移した．また，西湾は東湾に比べて漁場面積が約1/2と小さいことや現存個体数が多いことから，単位面積当たりの摂餌量はかなり高くなっていた．なお，排泄量は，西湾は17〜56mgC／m^2／日，東湾は9〜28mgC／m^2／日の範囲で推移した．

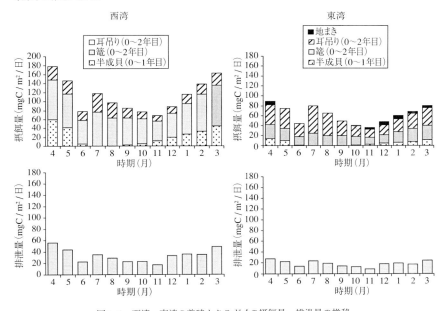

図5・6 西湾，東湾の養殖ホタテガイの摂餌量，排泄量の推移

東湾における地まきホタテガイの摂餌量，排泄量の推移を図5・7に示した．摂餌量は，放流漁場毎に見ると0年貝（残存貝含む）が34〜81mgC／m²／日，1年貝が61〜236mgC／m²／日，2年貝が80〜177mgC／m²／日で推移した．ホタテガイの成長に伴い1年貝は11月，2年貝は12月にピークに達した．なお，排泄量についても，同様の傾向で推移した．

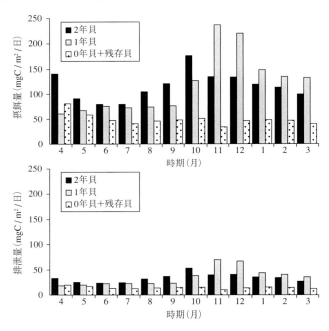

図5・7　東湾の地まきホタテガイの摂餌量，排泄量の推移

2・2　養殖付着物

養殖付着物の摂餌量，排泄量を，付着物の現存量と，養殖ホタテガイの0〜1年目のエネルギー効率（付着物の大部分が小型二枚貝であるため）を用いて求めた．

摂餌量は，西湾は1.4〜115.0 mgC／m²／日の範囲で，6月に非常に大きなピークがあるが，その後減少して9〜1月には低い値で推移した（図5・8）．東湾は0.6〜62.1mgC／m²／日の範囲で，6〜8月，11月，3月に高い値を示し，時期的に大きく変動する傾向を示した．排泄量は，西湾は0.3〜34.5mgC／m²／

日,東湾は0.2〜29.0mgC/m²/日の範囲で推移した.

2・3 底生生物

ホタテガイと餌料競合関係にある濾過食性の底生生物の摂餌量,排泄量を,過去の試算結果[12]から,1983〜1995年陸奥湾漁場保全基礎調査の生息密度で補正して求めた.

摂餌量は11〜23mgC/m²/日,排泄量は2〜7mgC/m²/日の範囲と考えられた(図5・9).

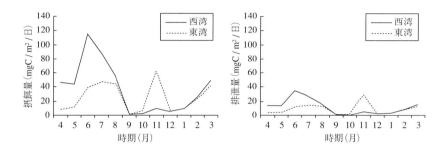

図5・8 養殖付着物の摂餌量,排泄量の推移

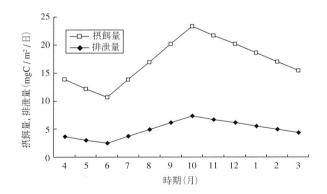

図5・9 東湾における底生生物の摂餌量,排泄量の推移

2・4 海 藻

陸奥湾藻場調査[13]によれば東湾の藻場面積は33 km²,優占種のアマモの枯死量(サロマ湖の調査結果[14]を用いて試算)が156 mgC/m²/日であること

から，東湾ではアマモの枯死により5.2×10^9 mgC / 日の有機物が供給されると考えられた．また，アマモの分解は非常に遅いことから，長期的に見て地まきホタテガイ漁場を含む東湾全域（約1,000 km²）に拡散するとすれば，5.1 mgC / m² / 日の有機物が地まき漁場に添加されるものと推定された．

2・5 陸奥湾外，養殖漁場周辺，河川からの有機物流入量

日本海区水研の調査（未発表）によれば，日本海側（青森県十三湖沖）におけるクロロフィルa量は4月に2〜7 mg / m³と比較的高い値を示すが，それ以

表5・2 養殖漁場周辺からの有機物流入量

単位：mgC / m² / 日

地区	項目	5〜10月	10〜5月
西湾	1984〜1985年調査	74.70	32.30
	1988年調査	20.48	9.82
	平均	47.59	21.06
東湾	1984〜1985年調査	41.60	14.70
	1988年調査	13.10	5.80
	平均	27.35	10.25

表5・3 陸奥湾に流入する河川別の有機物流入

河川名	平均流量 （m³ / 秒）	SS （mg / l）	炭素含有量 （mgC / mg）	流入有機物量 （$\times 10^8$mgC / 日）
蟹田川	3.49	4.00	0.30	3.62
新城川	1.46	10.00	0.30	3.78
沖館川	0.04	8.00	0.30	0.08
堤　川	2.38	2.00	0.30	1.23
横内川	0.44	2.00	0.30	0.23
駒込川	5.30	1.00	0.30	1.37
野内川	3.13	3.00	0.30	2.43
浅虫川	0.14	3.00	0.30	0.11
小湊川	－	6.00	0.30	－
野辺地川	1.81	3.00	0.30	1.41
小沢川	－	3.00	0.30	－
境　川	0.28	2.00	0.30	0.15
田名部川	1.23	5.00	0.30	1.59
小荒川	0.19	3.00	0.30	0.15
宇曹利川	0.64	2.00	0.30	0.33
永下川	1.00	2.00	0.30	0.52
川内川	5.69	3.00	0.30	4.42
葛沢川	0.22	7.00	0.30	0.40
合計				21.83

外の時期は1 mg / m³以下であり，陸奥湾と同様のレベルである．また，湾口部におけるクロロフィルa量の収支がごく僅かである[15] ことから，陸奥湾外から流入してくる有機物量については，後述の餌料収支計算上は考慮しなかった．また，養殖漁場周辺から養殖漁場内への有機物流入量は，1984～1985年および1988年調査結果[16, 17]から平均値を求めた結果，西湾で5～10月は47.59 mgC / m² / 日，10～5月は21.06mgC / m² / 日，東湾で5～10月は27.35 mgC / m² / 日，10～5月は10.25 mgC / m² / 日と推定された（表5・2）．

陸奥湾へ流入する河川の平均流量，SS（suspended solid），炭素含有量，流入有機物量から1日当たりの総流入有機物量を求めたところ21.8×10⁸ mgC / 日であり，増養殖漁場（589 km²）への流入は3.7 mgC / m² / 日と試算された（表5・3）．

§3. 陸奥湾における有機炭素を指標とした物質循環モデル

陸奥湾における養殖および地まきホタテガイ漁場における有機炭素を指標とした物質循環モデル（図5・10）を解析するため，前述の調査結果を用いて，養殖ホタテガイ漁場（表中層），地まきホタテガイ漁場（底層）の餌料収支をそれぞれ以下のように計算した．

3・1　養殖ホタテガイ漁場の餌料収支

養殖ホタテガイ漁場における餌料収支については，単純に月別の収支を計算すると，ブルーミングで基礎生産量が高い時期を除いて，ほとんどがマイナス値となってしまうが，これはホタテガイなどの濾過食者が直接的にはPOCを利用しているためである．このため，以下のような考え方に基づいて補正を行った．

①翌月のPOC（実測値，沈降粒子の炭素量を含む）は，前月のPOCに基礎生産量などによる1ヶ月分の供給量を加算し，摂餌および沈降による1ヶ月分の消費量を減じた値（推定値）と一致するはずである．

②翌月のPOCの実測値と推定値が一致（比率1.0）するのが理想的だが，各調査項目にはそれぞれ過大評価，過小評価の部分があるため，誤差を考慮して0.8～1.2の範囲であれば補正を行わない．

③0.8～1.2を超えた場合は，各調査項目で少しずつ補正を行い，最終的に

0.8～1.2の範囲に収まるように補正値を決定した．その際，基礎生産量と養殖ホタテガイは試算値±0.2以内（実測値や現存量から求めた値のため），動物プランクトンは試算値－0.5以内（過大評価の可能性があるため），それ以外の項目は試算値±1.0（誤差が大きい可能性があるため）とした．

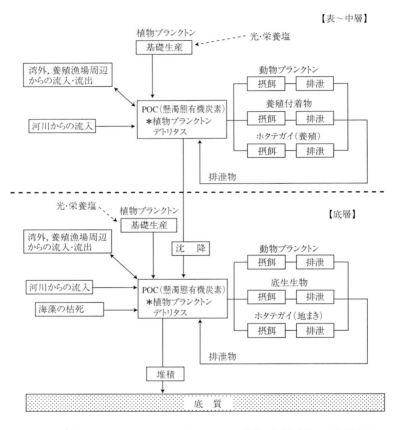

図5・10　陸奥湾におけるホタテガイ増養殖漁場における有機炭素を指標とした物質循環図

補正後の餌料収支の状況は図5・11に示したとおりで，収入（餌料供給量）については，両湾とも基礎生産量による添加が最も大きな割合を占めており，全体的に東湾よりも西湾の方が高い傾向を示した．支出（餌料消費量）については，動物プランクトンの摂餌量が相対的に多く，時期別に見ると夏場にかな

り高い傾向を示した．ホタテガイの摂餌量は2～4月がピークになっているが，この時期に摂餌圧の高い1年貝（半成貝）を大量に抱えると，餌料環境の悪い年や出荷が遅れた場合などには，動物プランクトンとの餌料競合が生じることにより，歩留りの低下や夏場の斃死を招く危険性が考えられた．

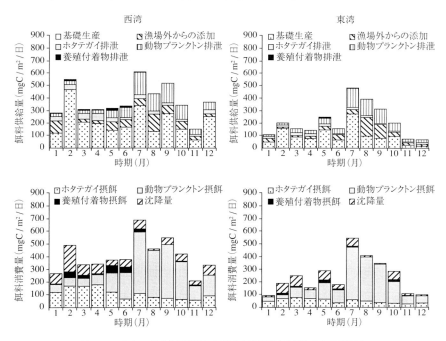

図5・11 ホタテガイ養殖漁場における有機炭素を指標とした餌料収支
（上段は餌料供給量，下段は餌料消費量）

3・2 地まきホタテガイ漁場の餌料収支

地まきホタテガイ漁場については，底質中のPOC量や有機物の分解・還元量に関するデータが不足していることから，養殖ホタテガイ漁場のように個々のデータの補正は行わず，月別の収入（餌料供給量）と支出（餌料消費量）の合計をそれぞれ示した（図5・12）．餌料収支を月別に見ると，0年貝の漁場では餌料供給量が常に上回っているが，1年貝漁場では10～3月に，2年貝漁場では4月および9～12月に餌料消費量の方が上回っている．餌料の不足分については堆積物中の有機物を利用していると考えられたが，仮に1年単位で収支を比

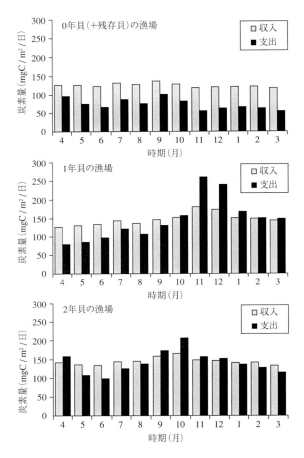

図5・12　ホタテガイ地まき漁場における有機炭素を指標とした餌料収支

較した場合，どの漁場でも餌料供給量の方が上回っており，0年貝漁場では51 mgC / m^2 / 日，1年貝漁場では3 mgC / m^2 / 日，2年貝漁場では2 mgC / m^2 / 日が堆積するものと考えられた．底質中のPOC量や有機物の分解・還元量に関するデータが不足していることから，試算結果の検証は難しいが，山本[18]は陸奥湾におけるホタテガイの最大生息密度（採捕時）を6個体 / m^2 と報告しており，これに対して現在の東湾の放流数は3.7～7.3個体 / m^2（1999～2001年），採捕時密度は2.2～4.1個体 / m^2 となっている．このような生産の現状が，

地まきホタテガイの成長や歩留りを考慮して各漁協が放流数を減らした結果であることを考えれば，現在の適正放流数は6個体/m²が妥当であると考えられた．

3・3　陸奥湾におけるホタテガイ適正収容量

現在の陸奥湾における養殖規制値は10月時点で14億1,200万個体であるのに対して，現状では18億7,600万個体のホタテガイが湾内に収容されている．また，養殖ホタテガイ実態調査における幹綱1m当たりのホタテガイ収容密度は年々増加傾向にあり，2002年春季実態調査[19]では過去最高の599個体/mを記録するなど，依然として過密養殖が進行している状況にある．養殖実態調査における幹綱1m当たりのホタテガイ収容数と軟体部歩留りには逆相関が見られ（図5・13），生産枚数を増やしても生産量は増加しないこと，さらに，生産量の増加により単価が下がり，生産金額が伸びないということが，これまでも様々な会議などで報告されている．

こうしたことから，生産金額の減少を数量でカバーしようとする現状の経営戦略は早急に見直す必要があり，現状の増養殖個体数18億7,600万個体については大幅に削減すべきものと考えられる．今回の調査結果を基に，①養殖ホタテガイの月別摂餌量がマイナスにならない，②地まきホタテガイは現状維持，③業界が推奨している半成貝（1～1.5年貝），新貝（1.5～2年貝）の年間生産

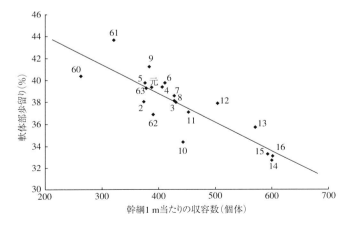

図5・13　幹綱1m当たりの収容数と軟体部歩留りとの関係（昭和60年～平成16年，数字は年）

量はそれぞれ2万t，2万7000 t以内，といった設定条件により10月における適正収容量を試算したところ13億6,200万個体という結果が得られた（表5・4）．前述のとおり個体数を増やしても歩留り低下と価格低迷という悪循環に陥る危険性があることを踏まえると，陸奥湾におけるホタテガイの持続的安定生産のためには，今回の試算値を一目標として推進していくべきものと考える．

表5・4　10月時点での陸奥湾におけるホタテガイ適正収容量

単位：億個体

	種類	養殖		地まき			合計
		稚貝	1年貝	稚貝	1年貝	2年貝	
現在の総量規制値	養殖	4.44	1.48				
	半成貝	2.64		2.34	2.01	1.20	14.12
	小計	7.09	1.48				
	合計	8.57		5.55			
現状	養殖	7.48	3.42				
	半成貝	4.83		1.40	1.14	0.49	18.76
	小計	12.31	3.42				
	合計	15.73		3.02			
今回の適正収容量	養殖	4.96	2.36				
	半成貝	4.83		1.40	1.14	0.49	13.62
	小計	8.24	2.36				
合計		10.60		3.02			

文　献

1) Ikeda, T. and S. Motoda: Estimated zoo-plankton production and their ammonia excretion in the Kuroshio and adjacent seas, *Fishery Bulletin*, **76**, 357-367 (1978).

2) Conover, R. J.: Assimilation of organic matter by zooplankton, *Limnology and Oceanography*, **11**, 338-345 (1966).

3) 林　政博・瀬古慶子：アコヤガイの種苗生産について，三重県水産技術センター研究報告，**1**，139-68 (1986).

4) 馬久地隆幸：イタヤガイ幼生の捕食，消化時間，広島県水産試験場研究報告，**12**，1-8 (1982).

5) Bonchdansky, A. B. and D. Deibel: Meas-urement of in situ clearance rates of *Oikopleura vanhoeffeni* (Appendicularia: Tunicata) from tail beat frequency, time spent feeding and individual body size, *Marine Biology*, **133**, 37-44 (1999).

6) Müller, H. and W. Geller: Maximum growth rates of aquatic ciliated protozoa, the dependence on body size and temperature reconsidered, *Archiv fur Hydrobiologie Beiheft Ergebniss der Limnologie*, **126**, 315-327 (1993).

7) Hensen, P. J., Bjornsen, P. K. and B. W. Hansen: Zooplankton grazing and growth, Scaling within the 2～2,000 μm body size range, *Limnology and Oceanography*, **42**,

687-704（1997）.

8) Hama, T.: Biogeochemical processes in the North Pacific（ed. by S. Tsunogai）, Japan Marine Science Foundation, 1997, pp.187-191.

9) Bense, K.: On the interpretation of data for the carbon-to-nitrogen ratio of phytoplankton, *Limnology and Oceanography*, 19, 695-699（1974）.

10) 蔵田　護：オホーツク海における放流ホタテガイの呼吸量，北海道立水産試験場研究報告，49, 7-13（1996）.

11) Fuji, A. and M. Hashizume: Energy budget for a japanese common scallop, Patinopecten yessoensis（ Jay）, in Mutsu Bay, *Bull. Fac. Fish. Hokkaido Uinversity*, 25（1）, 7-19（1974）.

12) 青森県水産増殖センター：二枚貝養殖漁場における適正収容力に関する研究，青森県水産増殖センター，1986, 36pp.

13) 青森県水産増殖センター：陸奥湾藻場・水産資源マップ作成調査, CD-ROM（2002）.

14) サロマ湖ホタテガイ・カキ養殖許容量調査専門委員会：サロマ湖におけるホタテガイ・マガキ養殖許容量調査報告書，1999, 20pp.

15) 西田修三：陸奥湾における流動構造の不定性と突発的水交換機構の解明と発生予測，基盤研究C（No.11650528），研究成果報告書，2002, 173pp.

16) 青森県水産増殖センター：二枚貝養殖漁場における適正収容力に関する研究，青森県水産増殖センター，1986, 36pp,.

17) 青森県水産増殖センター：二枚貝主要海域における漁場生産力に関する研究（1987年報告書），青森県水産増殖センター，（1989, 38pp.）

18) 山本護太郎：底生生物の生産，海洋生態学，海洋学講座9，東京大学出版会，1973, pp.153-154.

19) 青森県水産増殖センター：ほたてがい増養殖IT推進事業（ホタテガイ垂下養殖実態調査Ⅰ），青水増事業報告書，33, 137-148（2002）.

6. 物理−生態系モデルによる
環境収容力評価の歴史，その有効性と限界

岸　　道　郎 *

　物理−生態系結合モデルを用いて環境収容力を評価する手法は，もう30年以上以前から行われてきた．特に沿岸域の環境アセスメントでは，法令で決まっていることもあり，「科学論文」として発表されていないもの（すなわち，科学の世界では存在しないことになっている数値モデル）が非常に多く作製されてきた．東京湾に限っても1969年ころから海底トンネルや空港などの建設に伴って数値モデルによるアセスメントが盛んに行われてきた．1976年までの8年で15件以上の事例が報告されている．実際問題として，環境アセスメント会社などでは数多く数値モデルがかなり以前から開発されてきたのである．そして，多くの沿岸域の物理−生態系モデルは，人工建造物を作るときの事前アセスメントモデルである．事実筆者も，瀬戸大橋のアセスメントに関わったこともある．このようなアセスメントでは，法令（水質汚濁防止法など）で決められている環境基準が主にCOD（化学的酸素要求量＝Chemical Oxygen Demand）であることもあり，CODの空間分布を求めるモデルが作成されてきた．CODを水温と栄養塩の関数とする簡単なものから，プランクトンによる酸素消費や光合成による酸素生成などを含むものまで多様である．そして，こういったモデルは工学の分野では現在でも多用されている．しかし，本書の主なテーマは養殖場を中心とした環境収容力の評価，ということであるので，単なる浮遊生態系のモデルの話は触れる程度にとどめたい．

§1. 科学の世界の海洋生態系モデルを簡単にふり返る

　海洋，それも沿岸域で「物理−生態系結合モデル」を日本で科学論文として発表したものとしては，Kishi *et al.*[1] あたりが最初ではないかと思う．この論文は物理モデルとしては水平2次元ではあるものの，パラメータの感度解析，

---

*　北海道大学大学院水産科学研究院

解の一意性などが細かく論じられていて，その後の海洋生態系モデル作製の指針となったと思う（例えばYanagi *et al*.[2]）．3次元の物理－生態系結合モデルとしては，Kishi and Ikeda[3] がおそらく世界最初のものであり，さらに赤潮のモデルとしてはKishi and Ikeda[4] が最初のものであろう．沿岸域のモデルとしては，もともとは北太平洋の低次生態系モデルとして作成され，その後，沿岸用に生物パラメータの値を変更した，KKYS[5] を用いたものが最近は多く見かけるようになった（例えばKawamiya *et al*.,[6]，Oshima et al.,[7]，Yanagi *et al*.[2]）

　今回話題の養殖漁場の物質循環を扱ったモデルとしては，Kishi *et al*.[8-10] が3次元物理－生物結合モデルの走りであり，本書の筆者の一人でもある山本氏，阿保氏のグループのものがある（詳細はそれぞれの筆者の項目に譲る）．従来，日本で作られてきたモデルは，養殖されている魚や貝類の量は，漁獲量などからアプリオリに与え，海水中の浮遊生態系モデルに対して，魚貝類の養殖が二酸化炭素，アンモニア，POMなどの負荷源，もしくは，プランクトンやPOM（粒子状有機物＝Particulate Organic Matter）の捕食者として働き，その結果，海域がどのように汚染されるか，そして浮遊生態系が養殖によって本来あるべき姿からどのように変化しているのか，について論じられてきた．すなわち，モデルによって評価されるもの（モデルの出力）が「海の環境にどう影響するか（栄養塩の変化とか溶存酸素の変化とか）」，というものであった．

　しかし一方では魚類，貝類の側にとって，養殖場環境が良好かどうか，養殖魚や貝がどのように育つか，に焦点を当てるモデルも作成されてきた[11, 12]．これらのモデルでは，上記のモデルとは反対に餌濃度（プランクトンやPOM濃度）は観測値を与え，貝類の成長がどのように変化するかに焦点を当てたものである．特に欧米ではカキを食するためにこのような研究は数多く見られるようだ．

　最近の物理－生態系モデルでは，Dowd[13]，Nunes *et al*.[14] などのように，魚類・貝類と海洋との相互作用の結果，海洋側の生態系がどのように変化するか，その結果魚貝類の成長がどう変化するか，という双方に対するフィードバックが入ったモデルが作成されている．その際，魚類・貝類の成長はbioenergetic model（例えばRudstam[15]）で表すのが一般的である．Bioenergetic model（生物エネルギーモデル）は1個体の魚貝類の成長を表現したモデルであり，これに全体の数量を乗じて海域での摂餌量を求めるのである．

さて，環境収容力評価のモデルとしては，古くはCremer and Nixson [16] が日本では大変に有名であり（これは中田喜三郎氏の訳本によるところが大きい），今でもCremer & Nixonのモデルを使っている人がいたりする（輸入物をありがたがる日本人の性もあるのかもしれない．ただ，物理－生態系結合モデルではなく，当時としてはありとあらゆる知識がつまっていて優れた手引き書ではある）．ヨーロッパでは沿岸生態系モデルとしてBaretta and Ruardij [17] が，やはり中田喜三郎氏の訳本のお陰で有名である．中田・畑 [18] からNakata et al. [19] に至る中田氏の研究は，Baretta and Ruardij [17] の考えを発展させたものである．また，近年，ヨーロッパでは，EUのプロジェクトとして3次元物理－生態系結合モデルの開発が行われ，「誰でも使える」を目標にユーザーフレンドリーなソフトが作られた．ERSEM（European Regional Seas Ecosystem Model，例えば，http://www.pml.ac.uk/ecomodels/ersem.htm やhttp://www.ifm.uni-hamburg.de/~wwwem/res/ersem.html を参照）がそれである．ERSEM を用いて2000年前後に多くの論文がヨーロッパで書かれている．

このように，科学の世界でも標準的な物理－生態系結合モデルを作製してみんなで使おう，という傾向があり，太平洋でもNEMURO プロジェクトは有名であるが，日本の沿岸に限ってみてみると，各地各地でそれぞれがモデルを作る（むろん海洋生態系には地域性があるので，生態系の構造は異なっているわけだが，ERSEM は生態系の構造を自分で選択することができる）のに止まっている．これは「みんなで使えるモデル」というのは仮に作っても「学術成果」とならないこと，作るのには多く労力が必要なこと，によると思われる．

なお，少し古いが，世界のモデルの一覧はJorgensen らによるハンドブック [20] がある．

§2．海の環境収容力評価に物理－生態系結合モデルが使えるか？

物理－生態系結合モデルは，3次元的に時空間分布が求められる特徴があるが，空間を格子に区切るため，格子のスケールより細かいスケールについて

（例えば個体ごとの貝や魚の健康）は分からない．また，過去の経験式に基づいて生態系モデルが構成されているので，地球温暖化で海域のプランクトンの種組成が変化する，今までになく多くの栄養塩が流入する，といったことへの対応は不十分である．しかし，上述のように，時々刻々空間変化が求められるし，「仮に養殖がなかったら？」のような，実際にやってみることが不可能な仮定での計算ができること，海域全体での物質循環の把握ができること，など，状況をわきまえて用いれば用途は広いといえる．

ここで例として，少し古い計算例であるが，石川県七尾西湾でのモデルの結果を紹介したい．図6・1は七尾西湾でのカキ養殖の物質循環をモデル化したもので，これを3次元物理モデルと結合して計算したときの，物質循環を表した

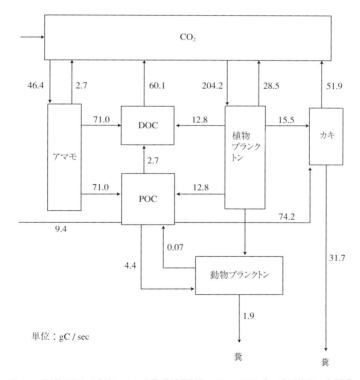

図6・1　数値モデルの炭素ベースの物質循環図と，このモデルを3次元物理－生態系結合モデルに入れて求めた昼間の炭素循環の湾内総量

もの（どのコンパートメントに単位時間当たりどれくらい物質が出入りするか）を数値として記入してある．これによると七尾西湾でカキの餌料を供給しているものは植物プランクトンではなく，アマモが枯死したものなどが素になっているPOMであることがわかる．江戸時代から当地ではカキが採れていたそうで，その生産を支えているのがアマモであった．北海道の厚岸などカキの名産地ではアマモが繁茂している場所が多い．事実図6・2は養殖カキ筏の分布，図6・3はアマモの分布を示している（格子は3次元モデルの水平格子）が，2つの分布は見事に一致している．

アマモ自体からのPOMと同時に付着藻類によるPOMの供給も大きいことも最近分かってきた[21]．このように餌料と生物生産という問題に限ると，3次元モデルは非常に有効に働く．というのは餌料の分布は水平，鉛直的に不均一

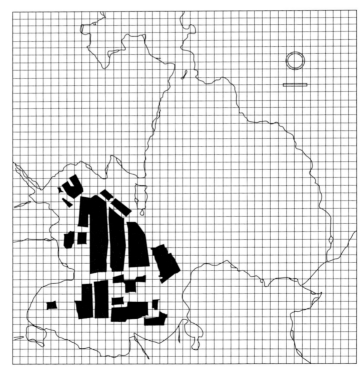

図6・2　七尾西湾のカキ養殖筏の分布（1995年ころ）

6. 物理−生態系モデルによる環境収容力評価の歴史，その有効性と限界　85

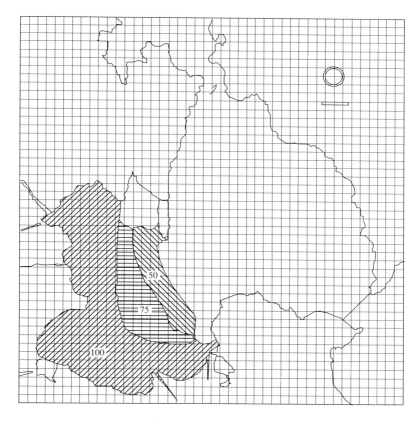

図6・3　七尾西湾のアマモの被度率（1995年ころ）

であり，時々刻々変化するので，3次元モデルの得意とするところである．ちなみに図6・4は七尾西湾のPOMの水平分布の計算結果である．アマモの存在する海域で高くなっている．貝類養殖もこのような場所で行われている．しかし，漁場の老化のようにはっきりした指標がわからないものについては，モデルは不得意であるし，非常に小さなスケールの現象（例えば1個の筏のどのあたりが実入りがよいかなど）についての解析は，むしろ実験室での実験に基づく考察の方が向いているのではないだろうか．

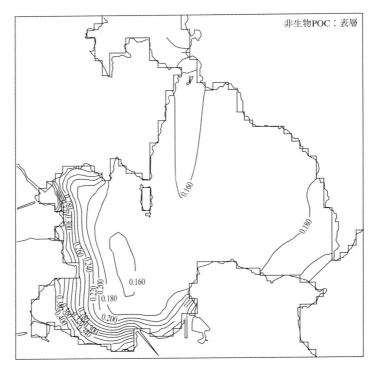

図6・4 数値モデルで求められた表層のPOM（炭素ベースで表示，プランクトンは含まない）の水平分布（g / l）

文　献

1) Kishi, M.J., K.Nakata and K.Ishikawa: Sensitivity analysis of a coastal marine ecosystem, *Jour. Oceanogr. Soc. Japan*, 37, 120-134（1981）.
2) Yanagi, T., K.Inoue, S.Montani and M.Yamada: Ecological modeling as a tool for coastal zonemanagement in Dokai Bay, *Japan, Journal of Marine Systems*, 13, 123-136（1997）.
3) Kishi, M.J. and S. Ikeda: Population dynamics of "red tide" organisms in eutrophicated coastal water - numerical experiment of phytoplankton bloom in the East Seto Inland Sea, Japan, *Ecological Modelling*, 31, 145-174（1986）.
4) Kishi, M. J. and S. Ikeda: Numerical simulation of "red tide" and sensitivity analysis of biological parameters, "International Symposium on Red Tides" (ed. Okaichi, Nemoto and Anderson), Elsevier Publ., 177-180（1989）.
5) Kawamiya, M., M.J. Kishi, Y. Yamanaka and N. Suginohara: An ecological-

physical coupled model applied to Station Papa, *Journal of Oceanography*, 51, 655-664 (1995).

6) Kawamiya, M., M.J.Kishi, M.D. K. Ahmed. and T. Sugimoto: Causes and consequences of spring phytoplankton blooms in Otsuchi Bay, Japan, *Continental Shelf Research*, 16, 1688-1695 (1996).

7) Oshima, Y., M.J.Kishi and T.Sugimoto: Evaluation of the nutrient budget in a seagrass bed, *Ecological Modelling*, 115, 19-34 (1999).

8) Kishi, M.J., Y. Iwata and M.Uchiyama: Numerical simulation model for quantitative management of mariculture, *Marine Pollution Bulletin*, 23, 765-767 (1991).

9) Kishi, M.J., Y.Iwata and M.Uchiyama: Numerical simulation model for quantitative management of aquaculture, *Ecological Modelling*, 72, 21-40 (1994).

10) Kishi, M. J. and M. Uchiyama : Three dimensional model for nitrogen cycle of mariculture - case study in Shizugawa Bay, Japan, *Fisheries Oceanography*, 4, 303-316 (1995).

11) Kobayashi, M., E. E. Hofmann, E. N. Powell, J. M. Klinck, and K. Kusaka: A Population Dynamics Model for the Japanese Oyster, *Crassostrea gigas*, *Aquaculture*, 149, 285-321 (1997).

12) Hofmann, E.E., J.M. Klinck, E.N. Powell, S. E. Ford, S. Jordan, and E. Burreson: Modeling studies of climate variability and disease interactions in eastern oyster populations. Submitted to *Jounal of Marine Systems* (2005).

13) Dowd, M.: A bio-physical coastal ecosys-tem model for assessing environmental effects of marine bivalve aquaculture, *Ecological Modelling*, 183, 323-346 (2005).

14) Nunes, J.P., J.G. Ferreira, F. Gazeau, J. Lencart-Silva, X.L. Zhang, M.Y. Zhu, and J.G. Fang: A model for sustainable management of shellfish polyculture in coastal bays, *Aquaculture*, 219, 257-277 (2003).

15) Rudstam L. G.: Exploring the dynamics of herring consumption in the Baltic: applications of an energetic model of fish growth, *Kieler Meeresforschung Sonder-heft*, 6, 321-322 (1988).

16) Cremer, J.N. and Nixson, S.W.: A coastal marine ecosystem, Springer-Verlag, Berlin (1978). 日本語訳：中田喜三郎監訳「沿岸生態系の解析」生物研究社 (1987).

17) Baretta, J. and P. Ruardij edt. : Tidal flat extuaries, Springer-Verlag, Berlin (1988). 日本語訳：中田喜三郎訳「干潟の生態系モデル」生物研究社 (1995).

18) 中田喜三郎・畑　恭子：沿岸干潟における浄化機能の評価，水環境学会誌，17，158-166 (1994).

19) Nakata, K., F.Horiguchi and M. Yama-muro: Model study of LakeShinji and Nakaumi-a coupled lagoon system, *Journal of Marine Systems*, 26, 145-170 (2000).

20) Jorgensen, S.E., B.Halling-Sorensen and S.N. Nielsen: Handbook of environmental and ecological modeling, CRC Press (1995).

21) 大島ゆう子・岸　道郎・向井　宏：厚岸湖の栄養塩循環におけるベントスの役割の数値モデルによる研究，北大水産紀要，51 (1/2)，1-13 (2004).

7. 東南アジアで環境収容力を考える

黒　倉　　寿*

　場には場が作り出す環境があり，その環境によって物質の浄化や生物生産など場のもつ機能が異なる．それぞれの場がもつ諸機能を定量的に捕らえたものを環境収容力とするならば，場によって環境収容力は異なる．その違いは様々な要因によってもたらされるので，温帯にある日本と熱帯の東南アジアという広い空間スケールで比較した場合，温度の違いによる速度の違いはあろうが，それ以上に一般化した知見は得られないだろう．一方，それぞれの場を利用して営まれる産業や生活の内容や活性には違いがあり，確かに，開発途上国には産業・生活にあまり利用されていない場・環境がまだ多く残されている．当然のことであるが，そうした場では環境収容力の問題は顕在化していない．自然災害などを受けにくく，ある程度人口が密集し，流通・交通が発達した地域に産業が集中する．これは日本でも東南アジアでも同じである．そのような地域は限られるので，東南アジアでもそうした場所に産業が過度に集中し，生物生産や浄化など場のもつ機能が限界近くまで使われて，環境収容力の問題が顕在化する．産業の構成や個々の産業の内容は日本と東南アジア各国とでは大きく異なるので，一般的には，問題発生の過程や問題の現れ方などは両者の間で違う．しかし，こと水産，養殖や漁業の問題に限定して考えると．近代的な漁業・養殖業に関しては日本と東南アジア各国との間に技術の本質に違いはない．比較的問題となりにくい伝統的・粗放的な漁業・養殖を除けば，問題発生の生物過程・化学過程に両者の間に本質的な違いはない．誤解を恐れずに言えば，違いがあるのはそれらの産業を営む人々についてである．ある産業に従事する人々が，その社会のどのような集団，どのような階層に属するかは，その社会の歴史・文化・経済状態によって違う．どのような問題であれ，そうした違いは問題の発生の社会的背景と解決のプロセスに強くかかわる．こうした違いは統計データーの解析など，俯瞰的な視点からは見えにくいものであり，

＊　東京大学大学院農学生命科学研究科

個々の事例のケーススタディーの積み重ねによって，本質が見えてくるという性格のものである．本稿では，限定されたわずかな事例であるが，筆者とそのグループが東南アジア各地の研究者と協力して行った各種の調査事例について，あらためて，そのような視点からとらえなおして紹介する．

§1. インドネシア・チラタ湖

図7·1はインドネシア・チラタ湖の写真である．チラタ湖はバンドン付近を源とし西ジャワを北流するチタルン川に作られた3つのダム湖のうちの1つである．写真のように湖面には多数の網生簀が浮かべられ，魚の養殖が行われている．網生簀は2重構造になっており，内側の生簀は7×7 mの広さで，深さは3 m．外側の生簀はそれよりやや大きい．普通，内側の生簀でコイ，外側の生簀でティラピアが飼われる．Effendieら[1]は，この湖で起きた養殖魚の大量斃死の事例を紹介している．図7·2に，彼らが測定した生簀の水温と溶存酸素の日周変動を示した．この図に見られるように，湖の水は強く成層しており，生簀の下，水深5 m層では，溶存酸素は常に2 mg / l以下である．この値は，通常の魚の生存限界以下の値であり，急激な天候の変化や風などによって成層が急激に崩れ，5 m水深以下の水が表層水と混合すれば，短い時間で生簀内の魚は斃死する．Effendieら[1]は，2000年12月に起こった養殖魚の大量斃死原因をこのようなメカニズムによって説明している．この湖では，このような養殖魚の大量斃死が過去にも頻発しており，明らかに環境収容力の限界を超えた養殖

図7·1　インドネシア・チラタ湖の網生簀養殖

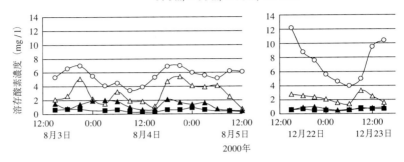

図7・2 チラタ湖の網生簀周辺・各層の溶存酸素の日周変動（Effendie [1] の原図を黒倉が翻訳・改変）

生産が行われている．このような事実はすでに知られており，湖内の適正な生簀の数などの基準が提唱されている．筆者は，同湖の現状を視察した際に養殖業者がワクチン注射と称して1個体ずつ養殖魚に注射を行っている場面に遭遇した．どのような情報，誰の指導によってそのようなことが行われているのかを確かめることはできなかったが，養殖業者自らの判断でそのようなことを行っているのであろう．最も基本的な生産の量的な規制に手もつけられない前近代的な混沌の中で，ワクチン注射という先端の免疫学的手法が導入されているという，悪趣味な冗談のような光景であった．このことから，この湖の養殖業者は，正しいもの怪しげのものを含めて様々な情報をもっているものと推測される．おそらくは，過密養殖が斃死や生産性の低下をもたらすことについても知識があるものと思われる．実際，彼らは生簀を二重にし，外側でティラピアを飼っている．生簀から流出する残餌などの有機物が，環境にインパクトを与えることを理解し，その影響を小さくしようとしているのであろう．それでも，生簀の数に関する基準は守られていない．開発途上国では，ルールがあること・ルールの意味が理解されることがそのまま，ルールが守られることを意味しない．彼らには，大量斃死のリスクを犯しても，網生簀養殖を続けなければならない理由があるのだろう．その理由の1つとして考えられるのは，彼らが他の生産手段をもたないということである．養殖業者に直接のインタビューを行っていないので，個々の養殖業者がどのような経緯で網生簀養殖を始めるに

7. 東南アジアで環境収容力を考える　*91*

至ったかについては不明である．また，Effendie ら[1] もそのことに言及していない．しかし，インドネシアでは土地なし農民が増えているという話を聞いた．これもまた正確な情報であるかどうかは統計データーからは確認できない．しかし，この地域では，土地をもたない人々が河原に不法に住居を立ててウシなどを飼っている光景を目にすることが多々ある．土地をもたない人々は確かに存在する．土地などの生産手段を失った人々が零細な漁業を始める例があることは多くの開発途上国で知られている．こうした人々が行う漁業は，規制・管理が難しい．伝統的な漁村社会のように漁業の実施や資源保護に関する慣習的な取り決めが存在しないからである，網生簀養殖も比較的少ない投資で始められ，技術の取得に時間がかからない．土地を失った農民などの人々に選択されやすい生活手段である．インドネシアにはプカランガンという複合農業の形態がある．屋敷の敷地内に水田，畑，薬草園，家畜小屋，養殖池，林などがあり，これらを組み合わせて自給自足的に生産を行う．家畜の糞を肥料に使ったり農業廃棄物を他の生産部門で利用したりするため環境インパクトが少なく，一部では持続的農業の 1 つとして理想化されている．しかし，このような自給自足的な複合農業を行うためには一定以上の土地面積が必要である．ムスリム社会は一般に兄弟間で均等相続である．均等相続が繰り返され土地が細分化されていけば，やがて，プカランガンは成り立たなくなる．そうした人々の中には土地を手放す人も出てくる．すでに述べたように個々の養殖業者を追跡して事例解析を行っていないので，今のところこれは，そういうこともあるだろうという推測にすぎない．ここで指摘できるのは，チラタ湖の網生簀養殖の問題は，水産養殖や漁業・漁民の問題ではなく，本質的には，農業や社会制度の問題である可能性があり，水産業単独の問題として対応しても解決が難しいということである．

§2．カンボジアの農民による漁業

本書では，養殖業と環境収容力という範囲で問題を取り上げている．しかし，生産を支える環境の機能という意味で最も直感的に理解しやすいのは，漁業生産と環境収容力の関係であろう．前述のチラタ湖の網生簀養殖の例では，環境収容力を超えた生産が何故行われるのかという問題の解決に至る最も根源的な

問いに対する答えが，単なる推測としてしか与えられなかった．そこで，より単純化して問題を捉えやすい開発途上国における過剰漁獲の事例とその背景について，Horiら[2]がカンボジアで行った農民による小規模漁業の調査結果をもとに考えることにする．カンボジアはメコン川の豊かな水量に支えられた，潜在的には高い生産性をもつ農業国である．しかし，長い内戦と中国の文化大革命の影響を強く受けたクメールルージュの支配によって，国民の生命・生活と生産活動は壊滅的なまでに破壊された．1993年，国連カンボジア暫定統治機構によって国民選挙が実施され内戦が終了したが，生産性はまだ回復していない．カンボジアの一次産業の特徴として，高い内水面漁業の生産があげられる．カンボジアの人々のタンパク摂取はもっぱら淡水魚によって支えられている．図7・3にはカンボジア水産局によるカンボジアの漁業統計を示した．この図には奇妙な不連続点がある．1999年にカンボジアの総漁獲量が倍以上に上昇しているのである．これは統計のとり方が変わったためである．カンボジアの漁業制度はフランスによる植民地時代の制度を現在でも基本的にそのまま継承しており，大規模漁業，中規模漁業，小規模漁業という区分がある[4]．大規模漁業とは漁業権制度としては定置漁業権に相当するもので，ダイと呼ばれる河川で行われる袋網とフランス統治時代に起源を発するフィッシング・ロットがこ

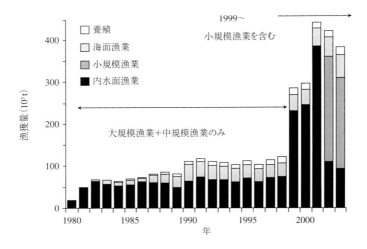

図7・3 カンボジアの漁獲量の経年変動（Horiら[3]による原図を黒倉が翻訳・改変）

れに相当する．フィッシング・ロットとは漁業を行う権利をもつ区域のことで，フィッシング・ロットもダイも入札によって2年間，区画漁業権を占有できる．中規模漁業とは許可漁業のことで，まき網，延縄，四手網，刺し網（10 m以上），竹垣を使用したエリ，かご網（直径30 cm以上）など，全部で28種類以上ある．これらの漁業を行うにはライセンスを取得する必要があり，操業期間も定められている．小規模漁業は自給的零細漁業（Family fisheries）と水田漁業（Rice field fisheries）を指し，単独や家族単位で行われる極めて小規模な漁業で，ライセンスは必要なく周年操業できる．長さ10 m以内の刺し網，口径2 m以内のすくい網，直径30 cm以内の籠，長さ5 m以内の投網，釣りなどがその主なものである[4), 5)]．1998年以前，カンボジアの漁業統計には，小規模漁業による漁獲は含まれず，大規模漁業と中規模漁業の漁獲量のみが集計されていた．大規模漁業と中規模漁業には漁業権が設定されているためのその漁獲実態が把握しやすいが，登録されていない不特定多数の人々によって営まれる小規模漁業はその実態の把握が困難であったためであろう．メコン川委員会は1996年から1998年にかけて，家族レベルで行われる小規模漁業の実態調査を行い，カンボジアの内水面養殖の漁獲の60％以上が小規模漁業によって漁獲されているという事態を把握した[6)]．その結果を受けて，1999年以後は，カンボジアの漁獲統計には小規模漁業による漁獲量の推定値が含められ，2002年以後は，小規模漁業の漁獲量の推定値は漁獲統計の中で区分して示されることになった．開発途上国の漁獲統計の信頼性は一般にあまり高くない上に不特定多数の人間が行う漁業の漁獲量の推定は難しい，カンボジアの場合にも漁獲量の推定値の信頼性については疑問があるが，このデーターからでもカンボジアの漁業における小規模漁業の重要性は概ね理解できよう．メコン川委員会の調査では，これらの小規模漁業は，動物性タンパク質を摂取するために行われる自家消費的な漁業であり，小規模漁業の維持が，カンボジア国民の動物性タンパク質摂取量の確保のために不可欠であるとしている．メコン川委員会の調査は，広範なものであり，カンボジアの主要な地域を網羅しているが，コミューン単位で行ったものであり，個々の世帯の実態を直接調べたものではない．Hori ら[2)]は，農民が世帯レベルで行う小規模漁業について，それらがどのような背景から，どのような目的で行われているのかを，直接的に農民自身にイン

タビューすることによって明らかにしようとした。調査対象としたのは，Tonle Sap 湖に北岸に位置する Kompong Thom 州の Svay Ear 村と Srey Rangit 村の農家であり，いずれも Tonle Sap 湖からは数十km 離れている。村の概要と調査対象戸数を表7・1に示した。いずれの村でも60％以上の世帯が調査対象となった。村のほとんどの世帯が稲作を行い，およそ75％の世帯が漁業を行っている。Hori ら[2] は，村人による漁業を行う世帯を操業する漁場によって3つの漁場グループに区分した。湖内グループは村からおよそ30 km 離れたTonle Sap 湖の中で操業するグループ，湖周辺グループは湖に隣接する付属湖・沼地・洪水林で操業するグループ，村周辺グループは村内の水田・水路・その他の水面で漁業を行うグループである。表7・2に，それぞれの漁場グループの戸数，平均的な漁獲量および漁獲物のうち販売される割合を示した。Svay Ear 村では76％，Srey Rangit 村では66％がTonle Sap 湖内あるいは湖の周辺で操業を行っている。また，湖内で操業を行っているグループの漁獲量は他のグループの倍以上であり，ほとんどの漁獲物が販売されている。すなわち，少なくともこの2村に関しては，もっぱら動物性タンパク質摂取のための自家消費目的で漁業が行われているとは言えない。表7・3に，各村，各グループ別に，年間総現金収入および収入源ごとの収入を示した。どちらの村も現金収入が多いのは湖内で漁業を行うグループであり，現金収入の大半を漁業によ

表7・1　調査対象となった村の概要

村	人口	性比（男：女）	総世帯数	調査世帯数
Svay Ear	1,140	47.2:52.8	183	104
Srey Rangit	844	49.4:50.6	140	105

Hori ら[3] による原図を黒倉が翻訳・改変

表7・2　グループ別の年間漁獲量と漁獲物のうち販売される割合

村	漁場グループ	n	年間漁獲量（kg）	n	販売される割合（R）
Srey Ear	湖内	28	701	28	90.4
	湖周辺	35	270	37	77.4
	村周辺	21	334	25	31.6
Srey Rangit	湖内	26	544	27	89.1
	湖周辺	30	167	40	66.2
	村周辺	32	260	36	53.9

表7・3 漁場グループ別年間平均総収入および部門別（農業，漁業，家畜生産，労賃，借入）収入（平均±標準偏差）（1000リエル*/年/世帯）nは収入のあった世帯数

村	漁場グループ	総収入	農業	漁業	家畜生産	労賃	借入
Svay Ear	湖内	1699 ± 820	197 ± 263	1347 ± 711	276 ± 134	510 ± 175	214 ± 179
	(n)	(32)	(3)	(31)	(13)	(5)	(27)
	湖周辺	679 ± 520	100	423 ± 426	192 ± 204	217 ± 205	140 ± 108
	(n)	(47)	(1)	(39)	(32)	(16)	(40)
	村周辺	790 ± 511	704 ± 637	454 ± 325	304 ± 299	330 ± 319	271 ± 236
	(n)	(25)	(4)	(11)	(14)	(8)	(18)
Svay Rangit	湖内	1487 ± 609	—	886 ± 417	158 ± 204	373 ± 220	422 ± 455
	(n)	(28)	(0)	(28)	(11)	(11)	(26)
	湖周辺	572 ± 424	350	275 ± 233	166 ± 152	175 ± 122	158 ± 202
	(n)	(41)	(1)	(37)	(20)	(25)	(32)
	村周辺	816 ± 542	—	373 ± 253	187 ± 144	290 ± 202	236 ± 381
	(n)	(36)	(0)	(27)	(18)	(29)	(31)

* 通貨レート 4000 リエル＝1 米ドル（2004年，9月）
（Hori ら[3]による原図を黒倉が翻訳・改変）

って得ている．図7・4にはSvay Ear 村と Srey Rangit 村のそれぞれのグループの農民が，1年間を通じていつごろ漁業を行うかを，稲作との関係で示した．村周辺で漁業を行うグループは，水田に水が蓄えられている雨季の農繁期に漁業を行い，乾季には漁業を行わない．これに対して，湖内グループと湖周辺グループは，主として農閑期の乾季に漁業を行う．彼らの生活の中心は農業であ

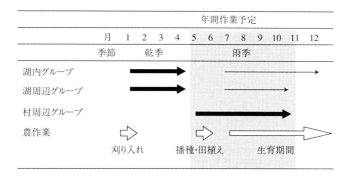

図7・4　2村の農漁業カレンダー（Hori ら[3]による原図を黒倉が翻訳・改変）

り，農繁期には例外的に作業がないものを除いて，湖にまで出向いて漁業は行えない．表7·3をさらに細かく見ると，いずれの村，グループでも農業によって収入を得ている世帯はごくわずかである．現実には，稲作を中心とする農業が自家消費的に行われているということがわかる．インタビュー調査によれば，どちらの村でも，各世帯の米の年間生産量は，年間の消費量に対して平均的に約40％不足している．稲作を中心とする農民であるにもかかわらず，彼らは米を購入しなければならない．平均的に見ると，各家庭の漁業収入は不足分の米の購入費にほぼ匹敵する．彼らの多くは漁業を行いその収入によって米を購入しているというのが実態である．この調査以前にKompong Thom州の他の2村で行われた調査では，農民は通常Tonle Sap湖まで漁に行かないか[7]，Tonle Sap湖まで漁に行くのは例外的な集団であるとされている[8]．その違いが，村の農業生産性の違いによるものか，時期的な違いによるものかは明らかでない．インタビューによれば，Svay Ear村，Srey Rangit村で漁業が盛んになったのは最近のことであり，そのきっかけは，洪水による米の不作であった．彼らは自らを農民であると意識し，本業は農業であると答えている．収入源の多くを漁業に依存しながら，自らを漁業者と規定しない理由としては，ライセンスや漁期などの漁業法の問題，土地への執着，歴史的・文化的背景など様々な要因が考えられるが，これらについて詳らかにした調査はない．いずれにしても，この2村で農民が漁業を行う背景には，米の生産が不足していること，乾季に稲作が行えないことという2つの要因が強く関係しており，2期作など周年稲作が可能になり十分なコメ生産が得られるならば，この2村の小規模漁業は縮小し，その分だけ漁獲圧が低下すると考えられる．

　カンボジアでは最近，漁獲魚のサイズの減少などから，漁獲の過剰が懸念されている[9, 10]．治水・利水などの河川管理システムの急激な変化が，漁業資源に与える影響についても懸念がもたれている．その一方で，人口増加に伴って漁業資源の重要性は増加している．カンボジア政府は，漁場へのアクセスを求める人々の要求に応えるため，従来のフィッシング・ロットを見直し，ロットの数を減らして，小規模漁業による漁場への自由参加を認める方向に政策転換をしつつある[5]．筆者はSvay Ear村，Srey Rangit村が例外的な村だとは考えていない．このような村が増えつつあることは，カンボジア政府の政策転換か

らも伺える．カンボジアの小規模漁業のように不特定多数によって行われる漁業は，その漁業実態の把握が困難で，規制が難しいものである．小規模漁業のいたずらな拡大は漁業資源の管理の上からは好ましいものではない．カンボジア政府はcommunity based managementの考え方で，地域共同体による資源管理を実現すべく啓蒙活動などを行っている．しかし，Svay Ear村，Srey Rangit村のように，生活維持のために必然的に漁業が営まれている場合，その量的な規制は漁業資源の把握・漁業規制・啓蒙活動などだけでは不可能であろう．農業生産性を高め，農民の生活を安定させることがより本質的な解決であると考えられる．すなわち，カンボジアにおける環境収容力を超えた過剰漁獲の原因は，農業生産性の低さにあり，より包括的な対策が必要である．同様に，チラタ湖における過剰な養殖生産についてもその背景の分析が求められる．

§3. 南タイのエビ養殖業

　前項においては，農民の漁民化という本質的には貧困を原因とする過剰漁業生産の例を示した．一方で，東南アジアの多くの国は経済発展を遂げつつあり，そこで行われる過剰な養殖生産の原因のすべてを貧困に帰することはできない．生産額の割合から考えれば，東南アジアの養殖生産の多くは，比較的に資本力に富む階層によって，価格の高い養殖生産物の輸出を目的として行われている．その典型がエビ養殖である．ある程度資本力のある養殖業の場合，規制や技術的な対応によって環境インパクトの低下が可能であると考えられる．そこで問題となるのは政策的な誘導や養殖業者自身の意識の問題である．最近，南タイでは換水の頻度を減らす，あるいは，飼育期間中換水をまったく行わない閉鎖式のエビ養殖が盛んになりつつある．南タイのエビ養殖は多くの場合，地方の小資本化によって直接的に経営されていることが多い．Kasaiら[12]は，インタビューによって，南タイのエビ養殖業者の経営を分析し，彼らが自ら換水頻度を下げる方向で養殖技術を改良した動機・背景について調査した．調査は南タイ・マレー半島のアンダマン海側とシャム湾側の2ヶ所で行われたが，ここではアンダマン海側，トラン県シカオで行われた調査について紹介する．この調査では，養殖池の水管理システムを開放式，半閉鎖式，閉鎖式の3つのシステムに分類した．開放式では，養殖種苗を池に放養した直後から必要に応

じて飼育水の交換を行う．半閉鎖式では，3〜4ヶ月の養殖期間中初めの2ヶ月は水の交換を行わない．閉鎖式では，全飼育期間を通じて水の交換を行わない．シカオでは，1995年初めの時点では，それぞれの水管理システムの割合は，開放式64％，半閉鎖式27％，閉鎖式9％の割合であった．2002年の初めにはその割合はそれぞれ，33％，44％，22％の割合となった．このように，この地域では，飼育水の交換頻度を低下させる方向で養殖技術が変わりつつある．この調査では，このような変化，開放式から半閉鎖式，半閉鎖式から閉鎖式への変化を水節約シフト（Water saving shift）と呼んでいる．飼育水の換水頻度を減らすことによって，有機物，窒素，リンなど養殖池からの環境負荷の総量が低減することが知られている[13]．水節約シフトは養殖による環境負荷の低減という意味では好ましいことである．しかし，それだけを理由に養殖家が積極的に養殖システムを変える動機となるとは考えにくい．少なくとも，その水管理システムの変化が経営に大きな損失をもたらさない，あるいは，経営を安定させるという見通しがなければ，新しいシステムを取り入れないであろう．図7・5にはシカオ地区で行われている開放式，半閉鎖式，閉鎖式による養殖の単位面積当たりの生産性，生産費用を示した．生産性は開放式，半閉鎖式，閉鎖式の順に高く，反対に生産費用は閉鎖式，半閉鎖式，開放式の順に高い．したがって，閉鎖式あるいは半閉鎖式にシステムを変えることによって，収益は低下するはずである．実際，水節約シフト前後で利益率を比較すると，純利益率で2以上であったものが1以下に低下していた．養殖家は自ら収益の低下を受け入れているように見える．それが受け入れるためにはもっと積極的な理由があると考えるのが普通であろう．Kasaiら[12]は換水が外部からウイルスや病原菌などの疾病因子を持ち込む機会になるとして，疾病の発生の確率を利益率の計算に組み込みこんで再計算しなおした．その結果，疾病の発生率の違いによって損益が決定的に違ってくることを示した．もちろん，実際に個々の養殖家がこのような計算に基づいて水管理システムの変更を決定したとは考えられない．しかし，シカオ地区は過去に疾病の流行を経験しており，病気の発生が経営規模の小さい養殖家には壊滅的なダメージを与えることを理解している．おそらくこのことが，この地区のエビ養殖家に水節約シフトを選択させている動機となっているのであろう．

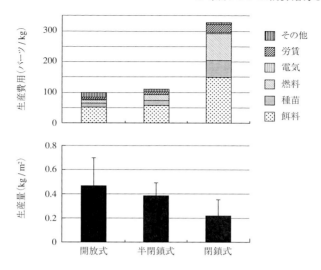

図7・5 シカオ地区の水管理システム別、単位面積あたりの生産量（下）と生産費用（上）（Kasaiら[12]による原図を黒倉が翻訳・改変）

これは，東南アジアにおいても，ある程度豊かで技術的な選択の余地がある場合には，安定的な経営が担保されるという見通しをあたえれば，養殖家は自ら養殖システムの変更を選択するということを示す事例である．

§4．総 括

以上，極めて限られた事例を紹介した．これらの事例をもって東南アジアの全体を紹介できたとは思わない．また，これらの事例紹介がわが国の環境収容力の問題への情報提供としてどのような意味をもつのかもわからない．しかしながら，環境収容力の中で養殖を最適化しようとする場合，養殖業・水産業の内部の調整だけで問題は解決しえず，包括的な対応が要求される場合があることは，あるいはわが国でも同様であるかもしれない．また，養殖業者自らが主体的にシステムを変えていくためには，収益性に対する見通しが必要であり，行政側としてはそのような見通しを提供していかなければならないということも同様であろう．養殖業者同士あるいは業者と行政が互いの見通しを共有することは最適化のためにどうしても必要なことである．幸いわが国には科学技術

と情報の蓄積がある．常に確実とはいえないであろうが，そうした情報や技術を使ったわかりやすいモデルによる予測は，見通しを共有するためのツールとして極めて有効であると考えられる．

文　献

1) I. Effendie, K. Nirmala, U. H. Saputra, A. O. Sudrajat, M. Zairin Jr, and H. Kurokura: Water Quality Fluctuations under Floating Net Cages for Fish Culture in Lake Cirata and its Impact on Fish Survival, *Fish. Sci.*, 71: 970-975 (2005).

2) M. Hori, S. Ishikawa, P. Heng, S. Thay, V. Ly, T. Nao and H. Kurokura: Roles of small-scale fishing in Kompong Thom province, Cambodia, *Fish. Sci.* (Submitted).

3) Compiled theme of fishery Laws (Translated from Khmer by Touch ST)： Department of Fisheries, Phnom Penh, 1990, 190pp.

4) L. Deap, P. Degen and P, N. van Zalinge: Fishing gears of the Cambodian Mekong. Inland Fisheries Research and Development Institute of Cambodia, Phnom Penh, 2003, 269pp.

5) 高橋信吾・石川智士・黒倉　寿：カンボジアの内水面漁業，水文・水資源学会誌，**18** (2), 185-193 (2005).

6) M. Ahemed, N. Hap, V. Ly, and M. Tiongco: Socioeconomic assessment of freshwater capture fisheries in Cambodia: Report on a household survey, Mekong River Commission, Phom Penh, 1998, 186pp.

7) M. Keskinen, U. Haapala, S. Yim and P. Noy: Rice: fish, cows and pigs: Field study in Kampong Pradam village, Kampong Thom, "WUP-FIN socio-economic studies on Tonle Sap 4", Mekong River Comission and Finnish Environment Institute, Phnom Penh,

2002, pp35-58.

8) U. Haapala, M. Keskinen S. Yim and P. Noy: When rice is floating: Field study in Peam Kraeng village, Kampong Thom, "WUP-FIN socio-economic studies on Tonle Sap 5", Mekong River Comission and Finnish Environment Institute, Phnom Penh, 2002, pp30-51.

9) K.G. Hortle, S.Lieng, J.Valbo-Jorgensen: An introduction to Cambodia's inland fisheries, Mekong Development series No.4, Mekong River Commission, Phnom Penh, Cambodia. 2004, 41pp.

10) N. van Zalinge, T. Nao: Present status of Cambodia's freshwater capture fisheries and management implications. "Present status of Cambodia's freshwater capture fisheries and management implications, van Zalinge N, Nao T, Deap L (eds)", Mekong River Commission and Department of Fisheries, Phnom Penh, 1999, pp11-20.

11) General population census of Cambodia 1998: Village gazetteer. National Institute of Statistics, Ministry of Planning, Phnom Penh, 2000, 343pp

12) C. Kasai, T. Nitiratsuwan, O. BabA AND H. Kurokura: Incentive for shifts in water management systems by shrimp culturists in southern Thailand, *Fish. Sci.*, **71**, 791-798 (2005)

13) S. J. Funge-Smith and M.R.P Briggs: Nutirent budgets in intensive shrimp ponds: implications for sustainability, *Aquaculture*, **164**, 117-133 (1998)

8. 陸域からの物質流入負荷増大による
沿岸海域の環境収容力の制御

山本民次[*1]・橋本俊也[*1]

　魚介類養殖には，通常，波が穏やかで海水が清澄な場所が選ばれる．波が穏やかであるということは，島影や海水の流動が少ない（海水交換が悪い）場所ということであり，海水が清澄ということは生物生産の低い場所ということになる．ところが，これら2つの条件を両方とも満たす場所はほとんどないと言ってよい．なぜなら，海水交換が悪い場所では物質が滞留するので，生物生産が高い代わりに汚濁が進む．逆に，潮通しがよければ海水はきれいかもしれないが，養殖生け簀が流されるなどの心配がある．したがって，現実には，これら両方の条件を100％でなくとも，ある程度満たした場所を養殖場に選ぶことになる．重要なのは養殖場に選定したあと，そこを如何に管理するかということになる．

　本稿では，広島湾の物質循環研究を中心に，そこで行われているカキ養殖に対する陸からの物質流入のインパクトについて，さまざまな解析結果を交えて紹介する．貝類養殖は魚類養殖と異なり，餌は自然の海の植物プランクトンに依存するので，陸域からの栄養塩の流入負荷と，それによって惹起される一次生産の大きさ，さらにはそれら一次生産者の構成（植物プランクトンの群集組成）などによって直接的な影響を受ける．つまり，広島湾における「環境収容力」とは，広島湾の海域環境を保全しながら，カキ養殖生産を如何に適正に行うか，ということを考えることであり，一次生産に大きく依存する貝類養殖の環境収容力の拡大とは，すなわち陸からの物質の流入負荷を如何にコントロールして最大限の養殖生産量を得るかを考えることである．

[*1] 広島大学大学院生物圏科学研究科

§1. 広島湾における養殖カキ生産量の推移
1・1 管理された生産体制

　広島湾のカキ養殖は主に奈佐美（ナサビ）瀬戸より奥のいわゆる北部海域で行われている（図8・1）．広島湾奥部には太田川（一級河川）が流入し，この河川がもたらす栄養塩が植物プランクトンの増殖を促進し，豊かな生態系を育み，カキ養殖を可能にしてきたことは，漁業者ならずとも一般に広く理解されていることである．

　瀬戸内海全体としては，経済の高度成長にともない，1960年代から1970年代にかけて頻発した赤潮によって，ハマチなどの魚類養殖の被害が大きく目立っている[1]．広島湾でも，夏季には赤潮が発生するが，その時期にカキ養殖筏を赤潮発生域から避難させることにより，それほど甚大な被害は受けずに済んでいる．北部海域の多くの筏は主に海況が静穏な江田島湾に移動される．これは赤潮から逃れるだけでなく，台風からの避難でもあり，さらには閉鎖性の強い江田島湾に筏を集めることで餌不足にさせ，飢餓によって生き残る丈夫な個体のみを選別するという意味もある．秋になると，餌不足の江田島湾から北部海域へ筏を移動させ，一気に身を太らせ，冬の出荷につなげる．夏のあいだ餌不足にすることで，秋からの身入りは余計によいと言われている．このように，広島湾ではかなり管理の行き届いたカキ養殖が行われていると言ってよい．

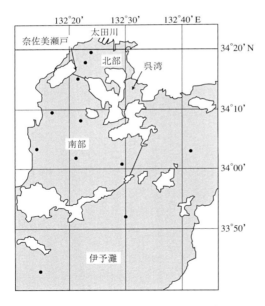

図8・1　広島湾の地理的形状．奈佐美瀬戸より奥を北部，沖を南部，その外は伊予灘．図中のラインは境界線．点は広島大学練習船で観測している代表測点．

1・2　カキ養殖生産量の変動に関わる基本的要因

　広島湾の養殖カキ生産量は1960年代に増加し，1970年代は多少落ち込んだものの，1980年代には回復した（図8・2）．問題は，1980年代後半以降の生産量の急減である．図8・2からは，1991年の台風，1992年のアレキサンドリウムの発生，1995年と1998年のヘテロカプサの発生が主な原因であるかのように見受けられる．しかしながら，それらのイベント的な問題がなかった年も生産は回復していないことに注目すべきである．先に述べたように，カキの成長は一次生産に直接的な影響を受けるので，1980年代後半以降の生産量の急減は一次生産量の低下が背景にあるものと筆者らは考えている．この考えに基づけば，1960年代の生産量の急伸は，陸域からの栄養塩負荷の増大によるものと見なせる．

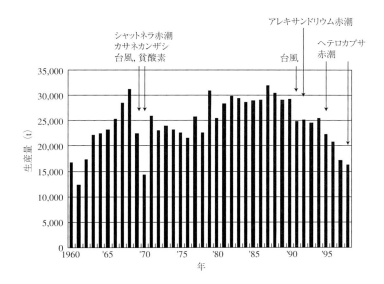

　　図8・2　広島県におけるカキ生産量の推移．広島湾以外のデータも含むが，主要漁
　　　　　場は広島湾である．赤潮，貧酸素，台風などによる単年度被害もあるが，
　　　　　1960年代の系統的増加と1980年代後半以降の系統的減少が明らか．農林
　　　　　水産省統計情報部資料より．

　瀬戸内海環境保全特別措置法によるリン削減の効果は，広島湾のカキ養殖を支える太田川の水質に如実に現れている[2]（図8・3）．図8・3は太田川による広

島湾に対するリンの負荷量である．リン濃度は公共用水域水質調査データを用いたので，平水時のものであり，大雨の際に一気に流出する量は含まれていないが，注目すべきはちょうど特別措置法によりリンの負荷削減が始められた

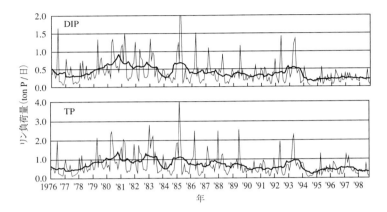

図8・3 太田川からの広島湾に対するリン負荷量．太田川河口の3測点で毎月平水時に測定された河川水中リン濃度の平均値に毎日の河川水流量をかけてもとめた．細線は生データ，太線は13ヶ月移動平均．DIP：溶存態無機リン，TP：全リン．山本ら[2]より．

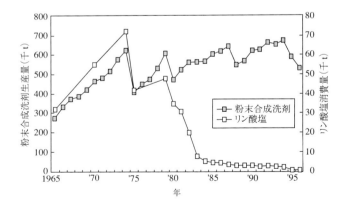

図8・4 粉末合成洗剤生産量とリン酸塩消費量の推移．リン酸塩消費量の減少から，今日の粉末合成洗剤にはほとんどリン酸塩が含まれていないことがわかる．瀬戸内海環境保全協会[3]より．

1980年以降，負荷量はみごとに低下し，1980年のピークに比べて，現在では約1/3程度になっていることである．

また，図8・3からは，低下した画分の主体は溶存態無機リン（DIP；Dissolved Inorganic Phosphorus）であり，全リン（TP；Total Phosphorus）の減少はほぼDIPの減少で説明できることが伺える．この原因は図8・4に見られるように，実際には特別措置法による法的措置というより，海域の環境保全に関する住民の意識の向上によるところが大きかったことが，合成洗剤の無リン化ということに現れている[3]．

海域に負荷されたリンや窒素がカキの餌となる植物プランクトンを増殖させるわけであるから，カキ養殖適正量あるいは環境収容力を考えるには，一次生産の量的・質的な問題と，食物連鎖を通してどれくらいの効率でカキの成長につながっているのかを定量的に調査・研究する必要がある．これはいわゆる物質循環あるいは物質収支に関する研究であり，外部からの負荷と内部での物質の循環を定量化せねばならない．富栄養化が進行した1960〜1970年代は赤潮生物自体の生理・生態学的研究が花盛りであったが，物質循環の定量的な解明には至らなかった．そこで以下では，数値モデルを使った定量的研究による成果を中心に紹介することで，広島湾の環境収容力について議論する．

§2. 広島湾北部海域における物質収支

すでに述べたように，広島湾北部海域には一級河川太田川が流入している．その流域面積は1,700 km²で，広島湾北部海域の面積141 km²の約12倍で，淡水の供給源としては非常に大きい．しかしながら，北部海域に対するリンや窒素などの負荷源として，どれくらいの寄与をしているのかは，それ以外のさまざまなソースについてのデータ集計と，海域での物理的過程をふまえた精査が必要である．

ここでは，広島湾北部海域におけるリン，窒素の収支を計算するため，ボックスモデルという手法を用いた．図8・5に示すように，奈佐美瀬戸以北を北部海域とし，南部海域と呉湾を外部境界領域とし，夏季に躍層が形成される5 m水深を堺に上下2層に区分した．上層には太田川の流入以外に降雨および蒸発がある．太田川の水は上層を通って南部境界へ流出し，それにともなって南部

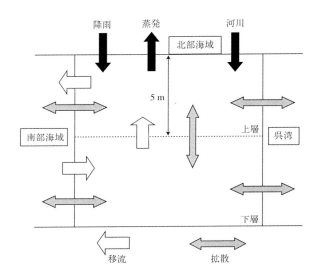

図8・5 広島湾北部海域の物質収支計算のためのボックスのレイアウト．北部海域内部は観測値より，5 m に躍層が見られるので，ここを境に上下に分割し，南部海域および呉湾を境界領域として計算．淡水は北部海域から南部海域に流出する一方，呉湾とはほとんど潮汐による交換と考え，移流は南部海域方向のみとした．Yamamoto ら[5]より．

下層からは海水が流入する，いわゆるエスチュアリー循環が形成される[4]．このような一方向の流れを移流（advection）として表し，潮汐や風による混合など，双方向の海水の動きをすべて拡散（diffusion）として表した．

先の河川水流入，降雨，蒸発などに加え，海域内5測点および外部境界領域において1987～1997年の11年間に毎月1回，各層（0, 5, 10, 20,……，海底上2 m）で観測された既往のデータを用い，前月の実測塩分をもとに，翌月の実測塩分に最も近くなるように，すべての水平および鉛直拡散係数を変化させてそれらを求めた．詳細な計算方法は，紙面の都合上，既報の学術論文に譲るが[5]，基本的にはLOICZ Working Groupのホームページ（http://data.ecology.su.se/mnode/）に掲載されている方法と同じである．このようにして計算した上層・下層の塩分とそれぞれの実測値との比較を図8・6に示した．計算値は実測値の変動傾向をかなりよく再現したが，大雨による表層での急激な

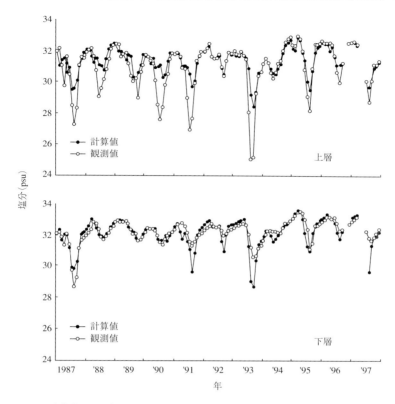

図8・6 広島湾北部海域の塩分収支に関するボックスモデル計算結果．大雨時の表層での急激な塩分の低下は再現しきれていないが，その他は良好．Yamamotoら[5]より．

塩分の低下は再現しきれていない．これは，実際には北部海域の海水の滞留時間が1ヶ月というモニタリング間隔よりも短いことによる誤差と考えられる．

次に，塩分収支から求められた水平および鉛直拡散係数，およびリンと窒素濃度の実測値を用い，北部海域におけるこれら親生物元素の収支計算を行った．ここで，底泥からのリンと窒素の溶出フラックスは実測値である[6,7]．計算の結果，河川水からの直接負荷を100％とした場合の南部海域境界領域下層からの負荷は，リンで97％，窒素で48％であった（図8・7）．また，底泥からのリンと窒素の回帰量はわずか0％および12％であった．このように，エスチュアリー循環によって外部下層から流入する栄養塩量が河川水による流入負荷に

匹敵するほど大きいことが理解できる．この値は11年間の平均であるので，図8·3に見られるように，近年の河川経由でのリン負荷量の低下を考慮すれば，エスチュアリー循環で運ばれる栄養塩量の方が最近は大きくなっていると考えられる．裏返せば，陸起源の人為的負荷を一生懸命削減しても，海域の浄化の程度が1：1で対応しない理由の1つがここにある．高度経済成長期の富栄養化状況はすでに解消されたと言ってもよく，例えば生態系モデルを用いた物質循環の定量的な把握および感度解析によって，広島湾のカキ養殖生産量を安定的に持続させるための栄養塩負荷量や負荷頻度・時期などを合理的にコントロールすることを考えねばならない．以下にその試みについて述べる．

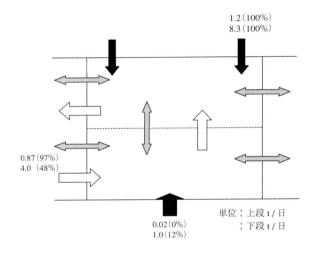

図8·7 広島湾北部海域に対するリン（上段）および窒素（下段）負荷量．カッコ内は河川負荷をそれぞれ100％とした場合の割合．Yamamotoら[5]より．

§3．陸からの流入負荷量を変化させた場合の湾内一次生産の応答

陸域からの物質の流入負荷量を変化させたら，湾の生態系がどのように応答するのかということは非常に興味深い．このことが，ある程度定量的に予測できれば，環境収容力の見積もりが可能となり，それによって適正養殖量の割り出しができることになる．

ここでは，先のリンの収支を計算したボックスモデルをベースに，ボックスの内部に栄養塩，植物プランクトン，デトリタス，の3コンパートメントを組み入れた簡単な浮遊生態系モデル（NPDモデル）を構築し（図8・8），湾内部のリン循環を定量的に評価するとともに，感度解析を行うことで，陸からのリンの負荷量を変化させた場合に湾内の一次生産がどのように応答するかを検討した．紙面の都合上，詳しくは橋本ら[8]を参照いただきたい．

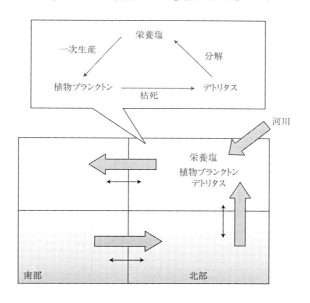

図8・8 広島湾北部海域のリン循環を解析するために適用した簡単な生態系モデル．栄養塩（溶存態無機リン），植物プランクトン（植物プランクトン態リン），デトリタス（デトリタス態リン），の3コンパートメントを組み入れた．橋本ら[8]より．

ここでは，夏季について行った計算結果を紹介する．夏季は，日射量が増加し，水温も上昇して，水柱が成層することで，エスチュアリー循環が卓越して，表層の一次生産が高まるという特徴的な季節である．外部強制因子については，すべて8月の平均値を用いた．ただし，異常多雨年（1993年）や異常渇水年（1994年）を除き，1991，'92，'96，'97年の4ヶ年の値を用いて定常状態になるまで計算した．先ほどの3つのコンパートメント（DIP，植物プランクトン

態リン,デトリタス態リン)の実測値について,4年間の平均値と標準偏差を上層・下層それぞれについて求め,計算値と比較したところ,モデルは現状を比較的よく再現していると判断できた(図8・9).また,計算されたリンのフローから炭素量に換算して求められる一次生産量は,上層で1,390,下層で1,360,水柱全体で2,750 mgC / m^2 / 日であった.一次生産の実測値はほとんどないが,1994年(渇水年)6月に測定された値は1,038 mg C / m^2 / 日で,この年の栄養塩負荷量が非常に少なかったであろうことを考えると,計算値はそこそこ妥当な値であると思われる.

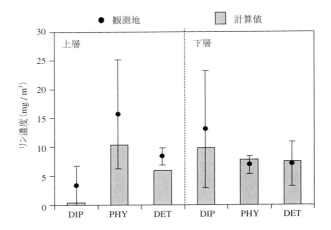

図8・9 生態系モデル(図8・8)による計算結果.1991,'92,'96,'97年の8月についてそれぞれ定常状態になるまで計算した(棒グラフ).4ヶ年の実測値の平均(黒丸)と標準偏差(バー)を同時に示した.DIP:溶存態無機リン,PHY:植物プランクトン態リン,DET:デトライタス態リン.橋本ら[8]より.

さらに,北部海域内での8月のリン循環の詳細を図示したものが図8・10である.河川からのDIP負荷量(624 kg P / 日)は,南部下層からのDIP負荷量(1,286 kg P / 日)の約1/2であり,§2.で計算した結果と比べると,相対的にさらに小さい.これはDIPのみの値であること,夏に限定した値であること,計算した4ヶ年は,リン削減対策が執られてすでに10〜20年後であるので,陸域からの流入はより少ない,などの理由による.注目したいのは,上層の一次生産を左右するDIPの供給源として,下層からの移流と拡散によるものが

44％，上層での有機物分解が44％，陸からの流入負荷が12％であることである．§2．のボックスモデルではボックスの外枠での収支計算のみであったが，このモデルでは内部での循環量が計算されている．

次に，河川からのDIP負荷量を4年間の実測値の平均値を基準として，標準偏差（σ）の倍数で増加・減少させて計算してみた（図8・11）．河川水中のDIPの濃度のみが変化するものとし，淡水流量は同じとした．これにともなう一次生産量の応答は上層と下層で異なった．上層はDIP負荷量の増加にともなって増加したが，下層は逆に低下した．河川水流量が同じであるので，南部下層から内部下層にエスチュアリー循環で運ばれるDIP量は変わらないので，このことは，上層で植物プランクトンが増加することで下層に届く光の量が低下したためと解釈できる．

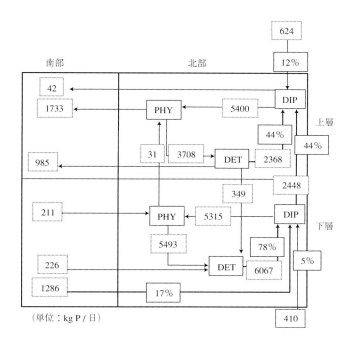

図8・10　広島湾北部海域における8月のリン循環（単位はkg P／日）．パーセンテージは上層，下層それぞれの溶存態無機リン（DIP）に対する供給の割合．橋本ら[8]より．

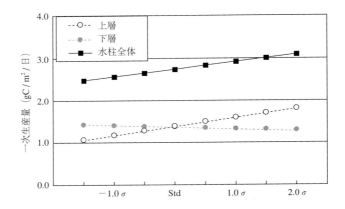

図8・11 河川水中溶存態無機リン濃度の変化に対する広島湾北部海域の一次生産量の応答. 4ヶ年 (1991, 1992, 1996, 1997年) の8月の実測値 (図8・9参照) の平均値 (Std) を基準とし, 標準偏差 (σ) の倍数で増加・減少させた. 橋本ら[8]より.

DIP負荷量を2σ (この場合, 約2倍に相当) にしたところ, 上層の一次生産量は約1.3倍になった. このように, 河川負荷量が2倍になったからといって, 生産量が1：1で対応して2倍になるわけではない. その理由は, DIPのソースが河川以外にもあることと, 内部での循環が変化するからである. そこで, リンの循環がどのように変化したかを見るために, この場合のリン循環を図8・12に示した. 基準状態での計算 (図8・10) に比べ, 河川からの負荷量が700 kg P／日増加しただけであるのに, 植物プランクトン態リンに回るリン量は絶対量としては1,700 kg P／日増加している. これは同時に植物プランクトンの枯死量の増加 (＋1,260 kg P／日), 上層でのデトライタス態リンからDIPへのパスの増加 (＋400 kg P／日), 下層での植物プランクトンの枯死・分解によるDIPへのパスの増加 (＋370 kg P／日), さらにそれが上層に上がってくる量 (＋510 kg P／日) の増加, といった具合に連鎖的に回ったことによる. すなわち, 内部での循環量が連鎖的に増加した結果, 一次生産としては1.3倍になったわけである.

太田川河川水中の無機リン濃度は, 瀬戸内海環境保全措置法によって, この20年間ほどでピーク時の約1/3にまで低下している (図8・3). 上記の感度解

8. 陸域からの物質流入負荷増大による沿岸海域の環境収容力の制御

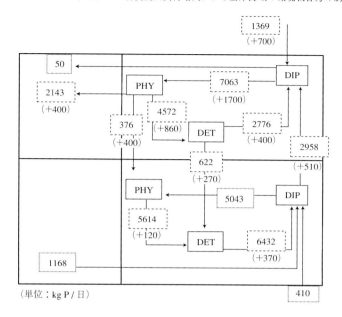

図8·12 河川水中溶存態無機リン濃度を 2σ にした時の広島湾北部海域内でのリン循環の変化．カッコ内の数値が増加分を示す．河川水による無機リンの負荷量増加が連鎖的に海域生態系の物質循環を変化させることが理解できる．橋本ら[8]より．

析の結果はかなり線形性が高いので，仮に負荷量を3倍にすると，一次生産量は2倍になると計算できる．カキは植物プランクトンを摂食する一次消費者であるので，単純に考えて，その生産量も2倍程度になる．これはちょうど1980年代のカキ生産量ピーク時の値に匹敵する（図8·2参照）．ただし，この仮定はカキによる植物プランクトンの摂食率が一定である場合に成り立つ．実際には餌の質が悪いと，カキは擬糞を多く出して，同化量が減り，成長率は低下するというようなことが起こる．したがって，次のステップとしては，カキを組み込んだモデルが必要である．幸いなことに広島湾で養殖されているマガキ（*Crassostrea gigas*）については実験データが多くあり，数値モデルに必要なパラメータについてもほとんどわかっている．次節では，カキを組み込んだモデルを紹介する．

§4. カキを組み込んだ広島湾全域モデル

カキが一次生産された植物プランクトンをどれくらい食べて成長しているか，カキは広島湾浮遊生態系の物質循環においてどのような役割を果たしているか，などについては，実際にカキをモデルに組み込んで計算しないとわからない．また，計算をしても照合する実測値がなければ絵に描いた餅になってしまうが，筆者らは1991～2000年の10年間にわたり，広島大学練習船「豊潮丸」を用いて年4回，広島湾を調査してデータを蓄積した．年4回という観測頻度は，広島湾内での海水や物質の滞留時間と比べればあまりに粗すぎて，それらのデータのみで何かを言えるような代物ではないが，モデルの検証データとしては十分である．

ここでも，リンを対象として計算を行った．通常は一次生産の制限になりうるリン，窒素，ケイ素の3種の元素についてすべて計算することが望ましいが，広島湾ではリンがほぼ周年にわたって制限元素であることがわかっており[9]，最近行ったリンと窒素の2元素を組み込んだ計算でも周年にわたってリンが制限であることが明らかであるので[10]，問題ない．逆に制限要因以外の元素で計算しても意味はないし，計算結果は合うはずがない．

モデルのフレームワークを北部だけでなく南部に広げ，それぞれの上層・下層を含め，計算対象ボックスは4つとし，境界領域を伊予灘および呉湾にした．カキ，動物プランクトンおよび溶存有機態リン（Dissolved Organic Phosphorus, DOP）を組み込んだことで，内部のコンパートメントはボックス当たり6つになった（図8・13）．

手順はまったく同じで，塩分を指標として各ボックス間の拡散係数を求め，それらを用いてリンの輸送量，循環量を計算した．塩分の計算結果については省略するが，10年間の観測の平均値をほぼ再現できた．各態リンの計算値では，植物プランクトン態リンの夏季の値がやや過少評価された以外は，かなりよく再現できた[*2]．

カキと動物プランクトンに一次生産のすべてが利用されるわけではないが，年間平均から計算されたカキと動物プランクトンに対する植物プランクトンの一次生産の配分は約1：2と計算された[*2]．単純に，一次生産が増えればカキ

[*2] 山本：未発表

8. 陸域からの物質流入負荷増大による沿岸海域の環境収容力の制御　115

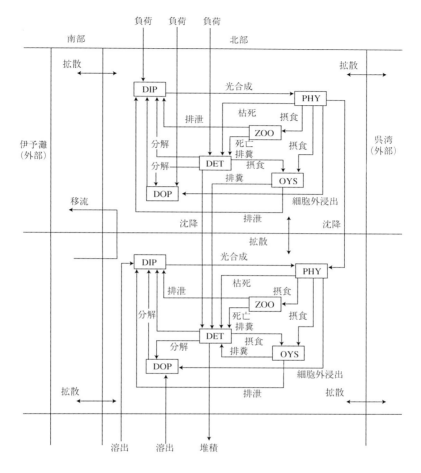

図8・13　広島湾全域（北部＋南部）の浮遊生態系モデルの構造．DIP：溶存態無機リン，DOP：溶存態有機リン，DET：デトリタス，PHY：植物プランクトン，ZOO：動物プランクトン，OYS：カキ．(山本, 未発表).

も増えるであろうが，動物プランクトンに回る量も多くなり，魚類の増加につながる可能性もある．そう考えると，リン負荷量の低下はカキ養殖量の減少のみでなく，魚類生産量の低下を招く要因の1つでもあると言える．

　カキが利用する一次生産量に対するカキの身の増重量の割合を計算したところ，5〜20％程度で，夏場に低く，冬場に高かった[*2]．したがって，残りの

80～95％は糞・擬糞による排泄，産卵，呼吸などによる消費または損失である．先に述べたように，夏季に北部海域で赤潮が発生したり，台風を避ける目的もあり，江田島湾にカキ養殖筏を避難させる．移動させる時期や移動数は行政機関の調査でわかっているので，それらを考慮してある．

§5. おわりに

以上述べてきたように，広島湾ではエスチュアリー循環による外部からの栄養塩負荷量が多いうえ，内部での循環量も多い．したがって，陸域からの栄養塩負荷量を増加させても海域内の一次生産が1：1で応答するわけではなく，さらにカキ生長量に対してもやはり1：1で影響するわけではない．したがって，広島湾のような閉鎖性内湾の環境収容力について考える場合，そのような現象を理解できる信頼性の高い数値モデルによる定量的研究が必要である．

広島県では，カキ養殖生産量の低下が過密なカキ養殖形態にあると考え，1999年に養殖規模（総養殖数）を5年間で3割削減することを目指し，まず1999年秋までに筏数の1割削減を行った．残念ながら，その際の議論に筆者らの数値モデル計算の成果は反映されていない．複雑な生態系のすべてのメカニズムが明らかになるまで研究の成果を待っていたのでは，適正養殖量を決定できないかもしれない．その点，疫学的対処法は必要である．筏数1割削減というのは，メカニズムを理解しなくとも経験的に適切な気がする．しかし，最終目標である3割削減は，カキ養殖に生計の多くを依存する漁業者にとってはかなりの冒険になると想像される．今回示した生態系モデルは有力なツールとして，適正養殖量決定に対して一つの科学的根拠を与えるものである．

前節のモデルを用いてカキ養殖個体数を現状から3割削減させた場合のカキ1個体当たりの餌摂食量を1年間積算したところ，カキによる植物プランクトン摂食量は6.6％増加すると見積もられた[*2]．先に述べたように，摂食量＝増重量ではないが，単純には同じ割合で重量も増加すると想像される．したがって，それだけ大きなサイズのカキを生産できることになる．大粒のカキは売値も高いので，養殖量を減らしても価格の面で十分補うものがあれば漁業者の生活は保証される．現在，カキ個体のサイズと価格を組み込んだモデルの作成に取り組みつつある．

以上，陸域からの物質の負荷増大による環境収容力拡大の試みについて，広島湾のカキ養殖を例にあげて述べてきた．河川水による栄養塩負荷量の調節は，降雨や外部海域からの負荷など，他の負荷源とは異なり，唯一，人為的に調節が可能な部分である．流域生態系の保全・修復にあたり，森－川－海を包括的にとらえる「流域圏」という概念がようやく芽生えてきた．上流にあるダムや下流のし尿処理場などからの処理水の放流について，その時期やインターバル，とくにダムについては下層水の放流などについて，海域生態系の保全と持続的養殖生産を視野に入れた議論が望まれる（例えば，Yamamoto[11]；Yamamotoら[12]）．

文　献

1) T. Okaichi: Red-Tide Phenomena "Red Tide" (ed. T. Okaichi), Terra Scientific Publisheing Company/Kluwer Academic Publisher, 2004, pp.7-60.

2) 山本民次・石田愛美・清木　徹：太田川河川水中のリンおよび窒素濃度の長期変動－植物プランクトン種の変化を引き起こす主要因として，水産海洋研究，66，102-109 (2002).

3) 瀬戸内海環境保全協会：平成11年度瀬戸内海の環境保全－資料集，環境庁水質保全局監修，2000，166 pp.

4) 山本民次・芳川　忍・橋本俊也・高杉由夫・松田　治：広島湾北部海域におけるエスチュアリー循環過程，沿岸海洋研究，37，111-118 (2000).

5) T. Yamamoto, A. Kubo, T. Hashimoto, and Y. Nishii: Long-term changes in net ecosystem metabolism and net denitrification in the Ohta River estuary of northern Hiroshima Bay–An analysis based on the phosphorus and nitrogen budgets. "Progress in Aquatic Ecosystem Research" (ed. A. R. Burk), Nova Science Publishers, Inc., 2005, pp. 123-143.

6) 山本民次・松田　治・橋本俊也・妹背秀和・北村智顕：瀬戸内海底泥からの溶存無機態窒素およびリン溶出量の見積もり，海の研究，7，151-158 (1998).

7) T. Yamamoto, H. Ikeda, T. Hara and H. Takeoka: Applying heat and mass balance theory to the measurement of benthic material flux in a flow-through system, *Hydrobiol*, 435, 135-142 (2000).

8) 橋本俊也・上田亜希子・山本民次：河口循環流が広島湾北部海域の生物生産に与える影響，水産海洋研究，70，23-30 (2006).

9) 山本民次・橋本俊也・辻けい子・松田治・樽谷賢治：1991-2000年の広島湾海水中における親生物元素の変動－プランクトン種の遷移を引き起こす主要因として，沿岸海洋研究，39，163-169 (2002).

10) J. Kittiwanichi, T. Yamamoto, T. Hashimoto, K. Tsuji, and O. Kawaguchi : Phosphorus and nitrogen cyclings in the pelagic system of Hiroshima Bay: Results from numerical model simulation, J. Oceanogr. (投稿中).

11) T. Yamamoto: Proposal of mesotrophication through nutrient discharge control for sustainable fisheries, *Fish. Sci.*, 68,

538-541 (2002).

12) T. Yamamoto, K. Tarutani, and O. Matsuda: Proposal for new estuarine ecosystem management by discharge control of dams. (eds. P. Menasveta, and N. Tandavanitj), "Comprehensive and Responsible Coastal Zone Management for Sustainable and Friendly Coexistence between Nature and People" (6th International Conference on Environmental Management of Enclosed Seas), 2005, pp. 475-486.

9. 漁場環境収容力拡大の試み：人工湧昇

高 橋 正 征 *

§1. 海域の環境収容力とその拡大の必要性

海域の有用水族にとっての環境収容力は，生物生産速度（一次生産）に依存して変動する．海域の生物生産速度は，主として光合成に必要な光が届く表層の数m～百数十mの，いわゆる真光層（有光層と呼ばれてきた）への制限栄養塩類の供給速度で決まっていて，海域ごとに異なる．真光層への制限栄養塩類の供給は，大部分が真光層内での再生によっており，一部が真光層以深や大気および周辺海域からの供給である．ほとんどの海域の生物生産速度は，栄養塩類が十分に供給され，温度環境も最適な条件下で，その場所に届く光エネルギーを最大限利用した場合の生産速度（ポテンシャル環境収容力）に比べると著しく低い．つまり，海域の実際の環境収容力はポテンシャル能力をはるかに下回っている所がほとんどで，有用水族も例外ではない．

表9・1は，世界の海域を5つに分けたそれぞれの一次生産速度の変動幅と平均値である．現在知られている海域での最大生産速度は低緯度の藻場・サンゴ礁の一部で得られている4,000 g乾重 / m^2 / 年で，これに比べると他の海域の生産速度が極めて低いことがわかる．その大きな理由は，栄養塩類の供給不足と，中・高緯度では光エネルギー不足がそれに重なっている．低水温も光エネ

表9・1　世界の海域の一次生産速度

海　域	面積($10^6 km^2$)	一次生産速度(g 乾重 / m^2 / 年)	
		変動幅	平均値
外洋域	332.0	2 ～ 400	125
湧昇域	0.4	400 ～ 1000	500
大陸棚海域	26.6	200 ～ 600	360
藻場・サンゴ礁	0.6	500 ～ 4,000	2,500
汽水域	1.4	200 ～ 3,500	1,500
合計	361		152

---

*　高知大学大学院黒潮圏海洋科学研究科

ルギーが不足しておこる．この事実が物語っていることは，環境を変えることによって海域の環境収容力は上げられる余裕があることである．

一方，世界の海では活発な漁業活動によって有用水族が漁獲されている．海からの有用水族の取り除きが，剰余生産，あるいは自然が回復できる自然の変動幅内におさまっていれば問題は少ない．しかし，近年の漁業技術の進歩によって漁獲効率が向上し，自然の変動幅を越えた取り上げの生じている可能性が高い．そうした現状を考えると，自然の環境収容力の維持のためには，何らかの方法によって漁業活動でとりすぎた分を補填する必要がある．

また，食料生産が陸域に過度に集中し，陸域環境の疲弊が著しい現状を考えると，一部の食料生産を海域に移して，陸域の環境疲弊を軽くすることも重要である．その場合，現状の漁獲圧さえも，自然の海域は回復できていないことを考えると，新たに加わる漁獲圧を補填する工夫をする必要がある．

上記の2つの人為的な漁獲圧の補填は，すなわち人為的に海の環境収容力を増大させることで，それは現状の海の物質循環系の肥大を意味している．つまり，光合成生物の生産を支える栄養供給速度の増大に他ならない．そのためには，人為的に真光層への栄養塩類の供給速度を加速して一次生産を高め，現状の有用水族の環境収容力を高めることである．自然の海では，制限栄養塩類が十分存在しても光エネルギー不足だったり，光エネルギーと制限栄養塩類が共に充足していても水温が低すぎたりしていて一次生産が低く抑えられている環境もある．しかし，自然の海での光エネルギーや水温の人為的なコントロールは容易ではなく，また，大部分の海では制限栄養塩類の律速が環境収容力を決める主な原因になっているので，ここでは制限栄養塩類の供給速度の人為制御による環境容量の拡大を考える．

真光層への制限栄養塩類の供給速度を速めるにはいくつかの方法があるが，最も自然なのは真光層以深にある栄養塩類濃度の高い海水（海洋深層水，以下は深層水と呼ぶ）を真光層に湧昇しやすくすることである[1]．深層水中の栄養塩類は，有機物の分解の結果できたもので，生物が必要とする元素組成比に極めて近い．また，栄養塩類の人工合成や，濃縮・抽出する操作も必要なく，その分のエネルギー経済にもつながる．ここでは，現在，実験中，あるいは検討されている，深層水を真光層内に供給して海域を肥沃化し生物生産性を高める

試みを中心に紹介する[2].

§2. 海底構造物による海域肥沃化

大陸棚の海底付近は，大部分が真光層以深に位置しているために，光合成が進まず栄養塩類濃度が真光層よりもやや高い．そこで，海底構造物（マウンド）を設置し，それに当たる潮汐などの流れの作用によって，底層付近の栄養塩類を海水とともに真光層へ混合拡散させて一次生産を高める実験（「マウンド漁場造成システムの開発」）が，水産庁の補助事業として（社）マリノフォーラム21により1995年から2000年に長崎県松浦沖で行われた．

1980年代に，海底に衝立型構造物を設置して底層水の真光層への攪拌混合湧昇を試験した実験が行われていて[3]，その結果を受けてマウンド構造物の利用が発想された．衝立型はクレーン船とダイバーを使って設置する関係で，構造物の規模は小さく，設置水深も50 m以浅に限定される．

海底マウンド実験が行われた海域は，生月島の北側約5 km，水深約80 m，底質は比較的に平坦で粘土質である．一辺1.6 mの立方体の石炭灰硬化体（アッシュクリート）を，合計で約5000個を底開きバージから自由落下投入して，幅120 m，頂点の高さ12 mの二山型の海底マウンドを1997年から4年がかりで造成した（図9·1）．卓越流の流れに直交するように二山型の構造物を設置すると，底層水の表層への混合湧昇効果が高いことが実験的に確認されている[4].

アッシュクリートは石炭灰（65 %，重量），水（23 %），セメント（11 %），混和剤（1 %）を材料として超流体工法で作られ[5]，普通コンクリートに比べてセメントが2 %程度少なくて済み，かつ比重が普通コンクリートの2.3に比べて1.7～1.9と小さい．そのために，海洋構造物で問題となる，ブロックの海底泥への埋没程度が小さい．比重が軽いために，海中での落下速度が緩やかで，ブロック間のぶつかり合いでも破壊は全く見られなかった．ブロックの軽比重とそれに伴う低落下速度は，海底でのブロックの積み上げの際のロスを大きくするが，ブロック投入時の流向・流速で落下点を修正することによって，技術的に解決可能である．

人工衛星による周辺海域のクロロフィルのモニタリング結果を整理すると，マウンドの構築経過にしたがってクロロフィル濃度レベルの増加が確認された[6].

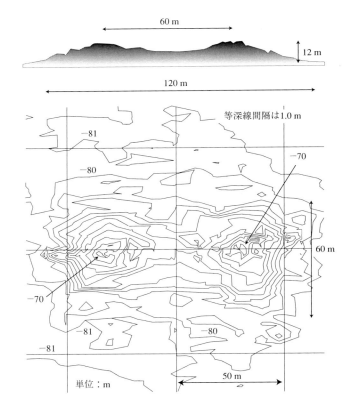

図9・1 長崎県松浦沖に石炭灰硬化体（アッシュクリート）を用いて底層水を真光層に混合湧出させるために造成された海底構造物の設置の様子（(株)アッシュクリート提供）.

これは①底層水中の栄養塩類が真光層に供給されて一次生産を増産した結果と解釈される．さらに，マウンドを中心とした20 km四方の海域のアジ・イワシなどの表層魚の巻き網漁獲量をみると，マウンド造成前は年間2,704 tだったのが3/4造成後に4,112 tまで増えていて，一次生産の増加効果の結果と推定された[7]．加えて，②投入したアッシュクリートの表面に，投入数ヶ月後からびっしりと付着動物が生息し，岩礁生態系が創生された[7]．マウンドを構築したアッシュクリートと同じ材質の板を，マウンド近傍の海中に設置して11ヶ月後に回収したところ，ナミマガシワガイとベッコウガキを主とし，ほかにゴカ

イ・フジツボ・ホヤなどの付着生物が342 g湿重 / m²確認された[7]．マウンド周辺では，上から降ってくる有機物を底泥の表面に溜め込んで，微生物と限られた底生動物がそれらの有機物を利用して生きている．それに対して，造成された海底構造物のアッシュクリートの表面には，付着動物がびっしりとついていて，表層から沈降してくる有機物を餌として生きている．さらに，それらの付着動物をねらって様々な動物がマウンドにやってくる．一部は，マウンドをすみかとしている（岩礁生態系の創生効果）．通常の漁礁は空隙率がきわめて高いのに対して，ここで造られたマウンドは空隙率が約50％と小さく，その分，基盤面積（岩盤）が広くなって，それが一部の生物の定着を促している可能性が高い．有用水族生物を含めて，水族生物の明らかな増産が確認されている．同時に，海底マウンドには，先にも述べたように③有用水族を始めとした水産生物を蝟集する効果も大きい．自走式水中ビデオで観察すると，マウンド内外にはネンブツダイ・イシダイ・マハタなどが，周辺にはアジ類・ヒラマサなどの魚群が確認されている[7]．加えて，（4）石炭灰という産業廃棄物の大量安全処理ができる[8]．

　海底マウンドは少なくとも水深50 m以深では半永久的に維持され，造成後は特別の維持作業も不要と考えられる．ただし，海底マウンドは，海中で構造物を造成する関係で水深100 m程度以浅が対象になる．それ以深でも海底マウンドの構築は可能であるが，規模が格段に巨大化し，現状のブロック落下方式での構築では，ブロックのロス率増大の問題がある．海底マウンドは，基本的な実験は終了し，事業化段階に入っている．

§3. 海洋深層水の揚水散布による海域肥沃化

　水深200 m以深の，いわゆる深層水は大陸棚底層水よりもさらに栄養塩類濃度が高い．そこで，深層水を揚水し，そのままでは低温のため真光層以深に沈降してしまうので，暖かい表層水で希釈昇温させ，真光層内に送り込むことが考えられた．最初の現場実験は，科学技術庁振興調整費（「海洋深層水資源の有効利用技術の開発に関する研究」）によって1989年と1990年の2年間富山湾で行われた（研究は1986年から始まり，現場実験が5ヶ年計画の最後の2年間に実施された）．世界初の本格的な海域肥沃化実験である．そこでは，「豊

洋」と命名された深層水揚水浮体を洋上に浮かべ，水深220 mから日量5万t
の深層水を汲み上げて，表層水で5倍に希釈・昇温して表面に散布する方式が
とられた[9]．しかし，荒天時には浮体を港に避難する必要があり，実際の実験
期間は極めて限られ，海域肥沃化の実際の効果は検出できなかった[10]．深層水
の富栄養性に着目した海域肥沃化の現場実験を最初に行ったのは米国で，1970
年代である．カリフォルニア沿岸で深層水を揚水してジャイアントケルプを海
洋養殖することが試みられたが，荒天時に施設が壊れて断念された．

　洋上での海域肥沃化では，施肥規模を大きくすることがポイントである．そ
れには深層水の瞬時の取水・施肥量を大きくし，かつまた荒天時にも避難する
ことなく全天候で施肥を長時間可能にして日積算施肥量を大きくする必要があ
る．そこで，深層水の取水量を日量10万tに規模拡大し，さらに取水・施肥装
置を「豊洋」タイプの完全浮遊体から半没水型浮体に変えて全天候対応にして，
深層水による施肥量の大幅増大をはかった[11]．肥沃化装置は「拓海」と命名さ
れ，2003年7月に相模湾中央部の水深約1,000 mの三浦海丘に設置された．
そこでは，直径1 mの取水管で水深200 mから深層水を揚水し，5 m水20万t
と混合して，水深20 mに密度流として周辺海域に放流されている（図9・2）．
冷たい深層水を，暖かい表層水と混合して，密度流として水温躍層内に放流し
ている点も大きな工夫である．研究は「深層水活用型漁場造成技術開発」とい
う課題名で，水産庁の補助を受け，（社）マリノフォーラム21が2000年から5
ヶ年計画で実施した．先に述べたように，肥沃化効果を検証するためには，深
層水の取水量を可能な限り大きくする必要があり，研究費の使用はその方向で
進められた．

　相模湾では，黒潮の影響で表層水が反時計回りに循環する環流現象がしばし
ば見られ，「拓海」は環流の中心部分に設置されている．環流が起こった際に，
施肥された深層水が外海に拡散していかないで「拓海」周辺で回流して留まっ
ている可能性が考えられる．その間に，深層水に含まれる無機栄養塩類が植物
プランクトンに吸収利用され，生産された有機物が高次の生物群により効果的
に利用されていくことが期待される．

　現場観測によって，深層水を含んだ混合水が，夏期成層時に真光層内に密度
流として侵入していく様子が確認されている．2005年から向こう3年間をかけ

9. 漁場環境収容力拡大の試み：人工湧昇　125

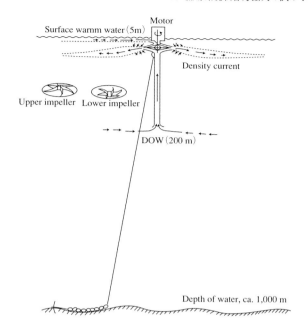

図9・2 相模湾で深層水と表層水を取水・混合して密度流放流して海域肥沃化を行っている実験装置「拓海」の模式図[11]．取水・放水はモーターで回転するインペラーで行われ，インペラーの上面は表層水取水用，下面は深層水取水用で，インペラーの縁辺部で表層水と深層水が混合しながら密度流を形成して海域に拡散していく．

て，水産庁の補助を受け「海洋肥沃化システム技術確立事業」という課題名で，（社）マリノフォーラム21が中心になって，密度流の挙動と，密度流に含まれている栄養塩類を吸収して植物プランクトンが増え，それを利用して動物プランクトン，さらには稚魚への連鎖の把握が目指されている．研究終了時には，事業化モデルが提案される予定である．その際，洋上での運転のために，現行の「拓海」のような定期的な燃料補給の必要なディーゼル発電機ではなく，海洋温度差発電などの現場で利用可能な自然エネルギー利用が考えられている．深層水の揚水タイプの海域肥沃化は，先の海底マウンドの構築には不向きな，水深100 mより深い海域が対象である．海洋温度差発電を利用した場合には，相模湾のように深い湾や，大陸棚以遠が設置候補になる．米国の研究者らを中心として，大洋で海洋深層水を大規模に汲み上げて周辺海域を肥沃化し新

しい漁場をつくりだす計画が検討されている（次世代漁業，Next generation fisheries）[12].

§4. 大量の海洋深層水利用排水による海域肥沃化

　日本国内の火力及び原子力発電所はそのほとんどが表層海水を冷却に利用している．その量は，年間におよそ2,000億tにのぼり，日本列島の年間降水量の1/3，日本列島から河川を通じて海に流れ出ている水量の半分になるという莫大な量である．温排水問題を避けるために，汲み上げたときの海水温よりも7℃程度までの昇温におさえて海に戻している．表層水の代わりに深層水を発電所の冷却に使ったとすると，深層水は低温なので，表層水の場合と比べて冷却に使える温度は7℃以上になる．仮に2倍の14℃の温度が冷却に使えたとすると，発電所の冷却水は現行の半分の1,000億tで足りる．3倍の温度幅が使えれば，700億t程度まで減らすことができる．冷却水が減ると，減った分だけ汲み上げ費用が安くなる．

　深層水を発電所の冷却に使うと深層水の温度が上がって，密度が下がり重さが軽くなるために，海に戻したときに沈まなくなる．深層水は無機栄養塩類を多く含んでいて富栄養なので，表層で光に当たると一次生産が活発に行われて有機物が生産される．仮に，使った深層水が20μMの窒素肥料（その他の必要な無機栄養塩類も窒素に対応して含まれている）を含んでいるとして，年間に1,000万tの深層水を冷却に利用したとすると，肥沃化効果は窒素で340万t，一次生産物の炭素にすると1,620万t，湿重量として4,000万t程度が期待される．生産された植物プランクトンを動物がすべて食べたとすると，年間400万tの動物の生産が期待でき，それを高次栄養段階の動物が全部食べたとすると，年間40万tの生産になる．

　1999年から2004年まで経済産業省エネルギー庁の補助を受けて，新エネルギー・産業技術総合開発機構（NEDO）が中心になって「エネルギー使用合理化海洋資源活用システム開発」研究が行われた．そこでは，60万キロワットの火力発電所を日量100万tの深層水で冷却するための必要な技術開発と得られる効果が検討された．

　その結果，深層水を冷却水に使った場合の発電所のメリットは，①冷却水の

取水量を大幅に削減できるために，取水費用の軽減と冷却設備の大幅な小型化が可能になる，②低温で冷却することによって発電効率が数ポイント上昇し，その分の燃料の節約効果がある，③深層水は清浄なために生物の吸い込みや冷却管内の生物付着を完全回避でき，その分の費用削減になる．

発電所側のデメリットとしては，①深層水を汲んで利用するとなると，現行の水深数 m にある表層水の取水管を深層水が汲める水深数 100 m まで延長する工事費用負担である．

さらに，発電所が深層水を冷却水に使った場合，発電所以外に様々なメリットが生まれる．第 1 は，先に述べた暖められた深層水による海域の肥沃化である[13]．磯焼けした藻場の回復の可能性も高い．事実，高知県海洋深層水研究所の深層水の排水ルート周辺では磯焼けした藻場の回復が認められている（図 9・3）．第 2 は，大量の深層水が得られ，低温性以外の資源性は手つかず残っているので，それらを多目的多段的に利用することが可能になる．

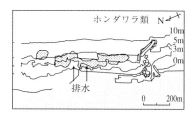 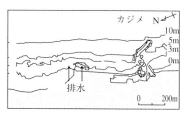

図 9・3　高知県室戸市にある海洋深層水研究所の深層水排水ルートに沿って回復した磯焼け[13]．矢印が深層水排水口．▨ の部分が海藻類の繁茂域．

発電所は海岸近くの陸上に設置されるのが一般的なので，昇温深層水は陸域から海に排水されることになる．したがって，海域肥沃化の対象は沿岸域になり，磯焼けの藻場から大陸棚付近が肥沃化の主な対象である．また，発電所の冷却に限らず，今後，深層水を建物の空調などに利用した場合にも，大量の昇温深層水が出てくるので同様の利用が期待できる．

§5. 海域肥沃化の今後の展望

井関[10]は，富栄養の深層水を真光層内に湧昇させた場合の一次生産，二次生産，三次生産，四次生産と，湧昇水量との関係を推定した（図 9・4）．そこ

では深層水の窒素態栄養塩類濃度を $30\mu M$（その他の必要な無機栄養塩類も窒素に対応して含まれている）として，生重量での生産が推定されている．相模湾で行われている「拓海」の実験での深層水の揚水量は日量10万tで，図9・4の秒単位に直すと約1t/秒である．ただ，相模湾で揚水されている深層水の窒素濃度は $20\mu M$ と2/3なので，約0.7t/秒ということになる．日本の養殖生産量に匹敵する四次生産を上げようとすると，「拓海」実験の10万倍の規模になる．

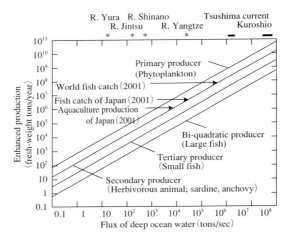

図9・4　海洋深層水の真光層への湧昇速度と一次，二次，三次，四次生産速度との関係[9]．詳細は本文参照．

　かつて世界の5大陸に生息していた大型哺乳類は，人類の狩猟によって絶滅した可能性が高いといわれている．海の有用水族の多くの資源量も減少が著しく，漁獲圧や沿岸域などの環境改変による影響が指摘されている．有用水族の多くは，人類が生活できない海中にいて，しかも世代交代の早い種が多いので，陸上大型哺乳類と違って種が絶滅することはないと思われるが，生物量の大幅な減少は免れない．事実，4大漁場の主力有用水族の多くの生物量が激減して一部では漁獲禁止措置がとられている．現在は，漁獲禁止措置だけで，生物量の回復を待っているが，海域肥沃化などの方法を採用した回復努力も検討する必要がある．漁業もこれまでのように，自然の海に生息する有用水族を探し

9. 漁場環境収容力拡大の試み：人工湧昇　*129*

て・獲るだけではなく，漁業技術が格段に進んだ分，自然の再生力を容易に越えて漁獲してしまうので，獲った分の補填を考える必要がある．ここでも，海域肥沃化を真剣に考えるタイミングである．

　陸上と違って，海で人為的なことを企画すると，必ずといっていいほど人々の不安感を呼ぶ．察するに，陸域では大気以外は長距離を短時間に移動することの難しさが，海では比較的移動しやすい海水によって影響が広がりやすいと感覚的に思われるためのようである．海に限らず陸でも人為的な操作はできるだけ避けることが重要である．しかし，実際には，陸域ではほとんど野放図に人為的な改変操作が進んでいるのが現状である．海陸を含めて，自然の改変はできるだけしないようにすることを第一に掲げ，どうしても改変の必要な場合には海陸を含めて最も影響が小さいと考えられる選択肢を選ぶ，という姿勢が重要だと思う．

文　献

1 ）高橋正征：海洋深層水－海にねむる資源，あすなろ書房，2000，189pp.

2 ）Takahashi, M. and T.Ikeya: Ocean fertilization using deep ocean water（DOW），Deep Ocean Wat. Res., 4, 73-87（2003）.

3 ）柳　哲雄：宇和海における衝立式構造物による海域肥沃化効果，月刊海洋，32，450-453（2000）.

4 ）鈴木達雄：生物生産に係わる礁による湧昇の研究，学位論文（東京大学工学研究科），1995，207pp.

5 ）福留和人：築堤構造物の建造材としての石炭灰ブロックの製造，月刊海洋，32，459-463（2000）.

6 ）熊谷幸典・内藤　新・高橋正征：築堤構造物による植物プランクトン増殖効果，月刊海洋，32，469-473（2000）.

7 ）友田啓二郎・西村和雄：築堤構造物による漁場造成効果，月刊海洋，32，474-479（2000）.

8 ）鈴木達雄：生物生産に係わる礁による湧昇の研究，学位論文（東京大学工学研究科），1995，207pp.

9 ）木谷浩三・長田　宏：人工湧昇システム－洋上設置型深層水利用装置，月刊海洋，21，612-617（1989）.

10）井関和夫：海洋深層水による洋上肥沃化－持続生産・環境保全型の海洋牧場構想－，月刊海洋/号外，22，170-178（2000）.

11）大内一之・福宮健司・山磨敏夫・荻原誠功：成層海域における密度流の挙動に関する実験的研究，日本造船学会論文集，191，35-42（2002）

12）Matsuda, F., T. Sakou, M. Takahashi, J. Szyper, J. Vadus and P. Takahashi:. U.S.-Japan advances in development of open-ocean ranching. *UJNR Marine Facilities Panel* http://www.dt.navy.mil/ip/mfp/paper5.html, 6pp（2002）.

13）Hayashi, M., T. Ikeda, K. Otsuka and M. M. Takahashi: Assessment on environmental effects of deep ocean water discharged into coastal sea. *In* Recent Advances in Marine Science and Technology, 2002（N. Saxena, *ed.*）　PACON International, pp.535-546（2003）.

10. 漁場保全関連政策の現状と展望

長 畠 大 四 郎 *

　水産動植物の生存，成長，再生産などは，それらが生息する環境に大きく影響を受ける．資源として利用する水産動植物にとって良好な環境が維持されることは水産業にとり重要であるが，経済・産業活動などによる河川からの流入負荷や沿岸域の開発による漁場環境の悪化が依然として問題として存在する．

　漁場環境の悪化と一口に言っても，時代によりその内容は変遷をみせている．ここでは，関連するこれまでの状況を振り返り，主として，水産庁による現行の漁場環境保全対策を概観し，さらに，将来の取組みの展望に資すべく，考慮されるべき事項のほか，2002 年 9 月に開催された「持続可能な開発に関する世界首脳会議（ヨハネスブルグサミット）」で採択された実施計画の海洋分野に関する記述を紹介する．

§1. 漁場環境保全の取組みの歴史

1・1 有害化学物質や水質汚濁の防止の取組み

　有害化学物質による水質汚濁は，1970 年から 1972 年にかけてその状況は最悪であったと考えられるとされており[1]，1970 年には水質汚濁防止法の公布，施行，1972 年には PCBs の生産と使用の禁止，1973 年には化学物質の審査及び製造等の規制に関する法律が制定された．

　また，1973 年 10 月には，瀬戸内海環境保全臨時措置法が成立公布されたが，その背景には，それまでの工業排水などによる膨大な汚染負荷が閉鎖性の内海である瀬戸内海に流れ込み，埋立てによる自然海浜や干潟の減少による海域としての浄化機能の減退と相まって，その水質の汚濁等が深刻な問題となっていき，1970 年代前半には赤潮による漁業被害が多く発生したことがあるとされている．その後，当該臨時措置法は，1978 同年 6 月に瀬戸内海環境保全特別措置法に改正された．この特別措置法においては，当時併行して改正が行われ

---

* 水産庁

た水質汚濁防止法により導入された水質総量規制制度を産業系の排水に係る COD1/2 削減の後継施策として法定するとともに，富栄養化対策の先駆けとしての指定物質（当初リンを想定）の削減指導方針や条例による自然海浜保全地区の指定などの特別措置が新たに制度化された[2]．この背景には，水産庁独自の漁場保全対策として，赤潮被害の軽減のための調査・研究，原因者不明の油濁事故への対応などを進めてきたことによるところも大きいと考えられる．

1・2　水産基本法の制定とその枠組の下での漁場環境保全対策の位置づけ

1）水産基本法の制定

2001 年 6 月に水産基本法が制定され，その中に水産動植物の生育環境（本稿では「漁場環境」を同義で使用している）の保全および改善のための条文が含まれている．同基本法制定の背景として，わが国経済社会の変化の中で，水産をめぐる状況も大きく変化している一方，水産業や漁村に対し国民から新たな期待が寄せられるようになり，1963 年に制定された沿岸漁業等振興法を基にした政策の見直しが求められている中，新たな海洋秩序の下で，21 世紀を展望した新たな政策体系を確立することにより，国民は安全と安心を，水産関係者は自信と誇りを得て，生産者と消費者，そして都市と漁村の共生を実現することを目指したとしている[3]．

同基本法は，「水産物の安定供給の確保」および「水産業の健全な発展」を政策目的としているが，その中で，以下に引用するように，水産動植物の増殖および養殖の推進や水産動植物の生育環境の保全および改善のための条文が含まれている．

（水産動植物の増殖及び養殖の推進）

第16条　国は，環境との調和に配慮した水産動植物の増殖及び養殖の推進を図るため，水産動物の種苗の生産及び放流の推進，養殖漁場の改善の促進その他必要な施策を講ずるものとする．

（水産動植物の生育環境の保全及び改善）

第17条　国は，水産動植物の生育環境の保全及び改善を図るため，水質の保全，水産動植物の繁殖地の保護及び整備，森林の保全及び整備その他必要な施策を講ずるものとする．

2）水産基本計画における漁場環境保全などの取組みに関する規定

　以下に，水産基本法に基づき，水産に関する施策を総合的かつ計画的に推進するために策定（2002 年 3 月閣議決定）された水産基本計画において，これら 2 つの条文について，〈施策のポイント〉とされているところをみていく[4]．なお，同計画は，策定時から 10 年程度を見通して，水産物の自給率の目標や政府が講ずべき施策などが定められているもので，水産をめぐる情勢の変化並びに施策の効果に関する評価を踏まえ，概ね 5 年ごとに見直されることとされている．

　水産動植物の増殖及び養殖の推進並びに水産動植物の生育環境の保全及び改善については，同基本法の政策目的の 1 つである「水産物の安定供給の確保」の下に位置づけられており，漁場環境保全関連の取組みとしては，〈自主的な養殖漁場の改善の促進〉が記述されているほか，水産動植物の生育環境の保全及び改善については，以下の 6 つの事項が列記されている．

　〈①排水・廃棄物の排出規制〉，〈②有害化学物質対策〉，〈③赤潮の発生予察・防除〉，〈④藻場・干潟の保全・創造〉，〈⑤外来魚の移植制限・駆除〉及び〈⑥森林の保全・整備〉．

　なお，水産動植物の生育環境の保全および改善については，それ自体で完結した単独の事項ではなく，同基本法の政策目的の 2 つめである「水産業の健全な発展」の下に含まれている水産の基盤の整備とも関連し，更には，都市と漁村の交流などにも資し，多面的機能に関する施策の充実にもつながるものであると考えられる．

§2．漁場環境保全対策の概要

2・1　現行の漁場環境保全対策の概要

　これらの施策は，政府として総合的に講じていくものであることから，前述の水産動植物の生育環境の保全および改善の〈施策のポイント〉〈①排水・廃棄物の排出規制〉および〈②有害化学物質対策〉については，環境省，厚生労働省，経済産業省などが主管省庁であり，前述の諸法律等により取組みが進められている．関連して，水産庁では，水産物に含まれる特定の化学物質の蓄積状況等の調査を実施・公表している[5]．〈④藻場・干潟の保全・創造〉につい

ては，水産庁としても取組んできたところであるが，国土交通省でも取組みがなされてきており，〈⑤外来魚の移植制限・駆除〉については，従来から水産業への被害に関して，水産庁の予算の下で駆除などの取組みを行ってきたところであるが，2004年に6月に「特定外来生物による生態系等に係る被害の防止に関する法律」が制定され，環境大臣が主務大臣とされているのに加え，農林水産業に係る被害の防止に係る事項については農林水産大臣も主務大臣とされており，具体的な生物の選定，措置などが検討・実施されている．

　なお，水産動植物の増殖及び養殖の推進の下での〈自主的な養殖漁場の改善の促進〉に関しては，農林水産省主管の法律として，漁協などによる養殖漁場の自主的な改善を促進するための措置および伝染性疾病のまん延防止のための措置を講じ，持続的な養殖生産の確保を図ることを目的とした「持続的養殖生産確保法」が1999年5月に制定された．これに関して，①国民の信頼獲得，②国際化への対応，③環境問題への対応及び④情報化への対応という，4つのキーワードに対応した養殖業の確立が必要とされている[6]．

2・2　川上から川下に至る豊かで多様性のある海づくり

　上述の〈施策のポイント〉のうち，主として，〈③赤潮の発生予察・防除〉，〈④藻場・干潟の保全・創造〉，および〈⑥森林の保全・整備〉，さらには，漁場環境保全のためのモニタリングに資するため，水産庁の予算措置（平成16年度時点）として，図10・1のような対策を実施している．「川上から川下に至る豊かで多様性のある海づくり」との名称の下で，森・川・海を通じた川上から川下に至る幅広い環境保全の取組み，豊かで多様性のある海づくりの推進が，都道府県，市町村，独立行政法人水産総合研究センターなどにより行われている．

　その内容を概観すると，まず，漁場環境保全のためのモニタリング，調査の実施，次に，森・川・海を通じた川上から川下に至る幅広い環境保全の取組みに資するため，流域環境保全に関する研究会の実施や，情報の収集，提供などにより，市民団体などが行う，森づくり活動（植林，森の手入れなど），海浜清掃活動，藻場・干潟の自然再生活動などを支援するほか，豊かで多様性のある海づくりのため，まず，赤潮対策として，有害赤潮プランクトンの生理・生態の解明，赤潮の予察・防除技術の開発および養殖のりの色落ち原因となる珪

海の未来
川上から川下に至る豊か

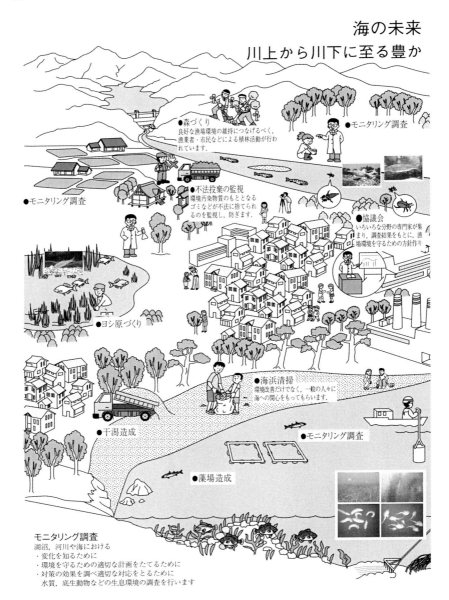

図10・1 「川上から川下に至る豊かで
（紙幅の関係から一部の事業

10. 漁場保全関連政策の現状と展望　　135

のために
で多様性のある海づくり

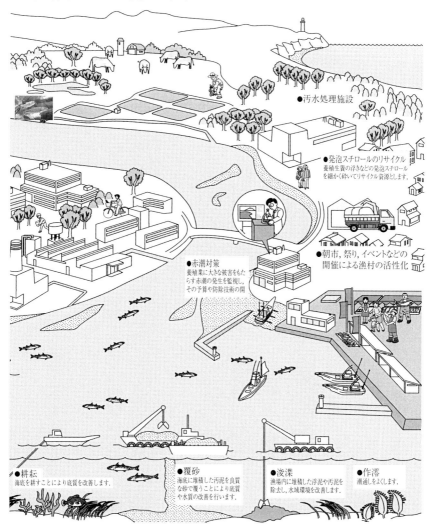

「多様性のある海づくり」の概要[8]
（の説明を省略，統合した）

藻赤潮の被害対策の実施，また，貧酸素水塊の発生機構の解明を行うとともに
防御技術の開発を行っている．

2・3 藻場・干潟の機能，保全，創造

　水産庁の予算の下，現在は水産基盤整備事業や前記の事業において実施され
ている藻場・干潟の造成に関しては，1994年に発足した沿岸漁場整備開発事
業の第4次計画において重点化が図られた．その背景は，水産業にとって有用
な水産動物の生息，再生産，幼稚仔の生育場などとして重要なこれらの場の減
少が著しい状況下で，その海域浄化機能にも着目して，取り組みを進めようと
いうものであった．

　これに関して，藻場・干潟を人工的に創造（造成，拡大，再生）しようとし
ても，天然のものに比べて機能が劣るとする意見もある．確かに，天然の藻
場・干潟を保存することが最善である．また，人工的な造成を行うからとして，
天然の藻場・干潟の破壊などの推進を正当化することも不適切である．しかし
ながら，開発などのための埋立て，水質などの環境悪化により，物理的な規模
（面積）も複合的な機能も減少・減衰している状況では，取組む場の評価，手
法の吟味，必要に応じた造成などの後の適切な管理などを通じ，水産動植物の
増殖にとって重要なこれらの場の拡大，沿岸環境の改善に努めることは必要と
考える．実際，造成後の干潟などの機能が有意義な状態にあるとの報告もあり，
今後，負荷削減の努力と並行して埋立ての規制と貧酸素水塊の影響を回避でき
る早急な干潟・浅場の修復が望まれるとの見解[7]も示されている．

§3. 今後の漁場環境保全対策の取組みの方向

3・1 水産基本政策大綱

　今後の漁場環境保全対策の方向を検討するに当たっては，水産基本法を制定
するために，1999年12月に策定・公表された水産基本政策大綱の該当部分を，
（同大綱策定後，水産基本法起草に当たり用語の吟味がなされたため，用語に
差異があるものの）参考にすることができよう．すなわち，

> 　海面・内水面の良好な漁場環境及び生態系の保全は，水産資源の維
> 持・増大はもとより，安全な水産物の供給にとっても不可欠な前提条

件である．このため，その積極的な保全と整備に努める．

①漁場環境の実態把握（藻場・干潟の状況，ダイオキシン類等の有害物質による汚染の実態把握等）

②水域ごとの漁場環境保全方針の策定（水質改善，藻場・干潟の維持・保全等）

③資源の生息・繁殖の場としての藻場・干潟の再生，造成等の水産基盤整備の推進．

④漁場環境の保全・整備に係る関係省庁との連携の強化

⑤川上から川下に至る一貫した環境保全のための国民的運動の喚起

3・2　国連持続可能な開発に関する世界首脳会議における海洋関連事項

最後に，今後の漁場環境保全の取組みの検討に資すべく，2002 年に開催された，持続可能な開発に関する世界首脳会議（World Summit on Sustainable Development ：WSSD）において採択された実施計画（Plan of Implementation of the WSSD）の海洋関連部分を紹介する．

1）国連環境開発会議（1992 年）およびそれ以降の動き

1992 年，ブラジルのリオデジャネイロで開催された国連環境開発会議（UNCED）において，アジェンダ 21 が採択され，その 17 章が，漁業を含む海洋に当てられている．その後，水産の世界でも，図 10・2 に示すように，持続可能な海洋生物資源の利用の確保，生態系アプローチ，公海での漁業の管理強化などを趣旨とする国際協定，行動規範，国際行動計画などの策定が進んだ．また，生物の多様性に関する条約なども採択された．

WSSD は，1992 年の国連環境開発会議後 10 周年を期して，アジェンダ 21 の実施状況をレヴューし，今後の活動方針を決定するため，2002 年の 8 月下旬から 9 月上旬にかけて南アフリカのヨハネスブルグで開催され，実施計画などを採択した．

なお，実施計画の作成に当たっては，より行動に結びつくもの，また，可能な限り達成数値や期日を含むようにとの方針が示されていた．

また，この文書の採択は 2002 年 9 月の首脳会議開催時になされたが，そのための準備プロセスは 2000 年 12 月に開始され，実質的には 2002 年における

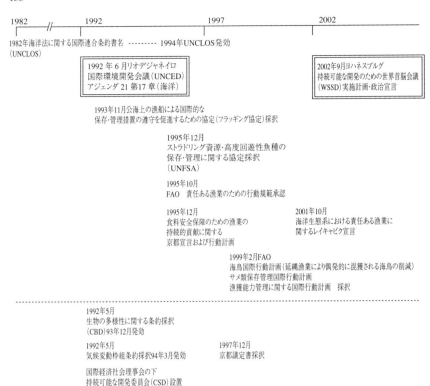

図10・2　国連環境会議（UNCED）関連の動きの概要

累次の準備会合において，とりまとめの努力が払われた．その中で，特に，「海洋分野」に関しては，各国からの意見が多岐にわたり，また，対立するものも多かったことから，第3回準備会合時（2002年3～4月）に，もっぱら「海洋部分」を議論する少人数会合が設立され，以降の累次の準備会合，さらには首脳会議開催時期にも開催され，議論の集約が図られた．他に単独の少人数会合を設けたのはエネルギー分野のみであった．海洋分野の少人数会合における作業は，各国の意見を基に議長が案を提示し，議論が進んだ節目で修正した議長案を提示することをコンセンサスに至るまで続けるというものであった．結局，ヨハネスブルグにおける首脳会議時まで海洋分野のテキストの最終化はできなかった．

2）WSSD実施計画における海洋部分の構成

海洋分野については，外務省ホームページでの仮訳（http://www.mofa.go.jp/mofai/gaiko/kankyo/wssd/pdfs/wssd_sjk.pdf）では，パラグラフ30から36までが直接該当する．以下に，紙幅の関係から，各パラグラフが取扱っている分野を要約して示した．なお，水産業への直接の関連があるのは，パラグラフ30から32であり，これら3つのパラグラフについては，主たる項目の要約を付した．

パラグラフ30：総説と国連海洋法条約等国際取決めの批准，実施等の促進

　国連海洋法条約の批准・加盟の促進：海洋，沿岸陸域及び海域の持続可能な開発を達成するため，アジェンダ21第17章の実施を，6つのプログラム分野（沿岸地域の統合的管理と持続可能な開発，海洋環境の保護，海洋生物資源の持続可能な利用と保存等の全6分野）を通じて促進：生態系アプローチの適用の奨励：統合的，学際的，多部門にわたる国家レベルでの沿岸地域・海洋の管理促進等

　　　　　　31：漁業資源の持続可能性のための取組み

　最大持続生産量を産出できる資源レベルの維持・回復：1992年以降とりまとめられた漁業関連の国際協定，行動規範，行動計画等（図10・2参照）の着実な実施：養殖業の持続可能な開発の支援：この分野での発展途上国への配慮等

　　　　　　32：アジェンダ21第17章に従った海洋の保全及び管理
　　　　　　　　の促進

　脆弱かつ重要な海洋及び沿岸地域の生産性及び生物多様性の維持：破壊的漁業慣習の排除，国際法に適合し科学的情報に基づいた海洋保護区の設置，適切な沿岸陸域の利用等多岐にわたるアプローチの利用の開発・促進：生物多様性条約との共同プログラム，ラムサール条約の実施等

　　　　　　33：陸上起因の活動からの海洋環境の保護に関する世界
　　　　　　　　行動計画及び関連事項

> 34：IMO 等における防汚塗料やバラスト水に関連する事項
>
> 35：放射性廃棄物海上輸送に関連する事項
>
> 36：科学調査の促進

　なお，英語テキストは国際連合のホームページ
（http://www.johannesburgsummit.org/html/documents/summit_docs.html）
を参照されたい．

　各国の意見の隔たりの大きさを反映して，海洋分野に関する議論において激しい対立がみられた．特に，一連の会合への各国の出席者が環境担当であり，概して，保護色のみを強く前面に打ち出すことが多かった．

3）WSSD 実施計画における海洋部分の特記事項

　上記のような議論を通じ特に顕著であったと印象に残っている点を 2 つ述べる．まず，持続的利用および保存の対象とするものを漁業資源（英語では捕鯨は whaling で fishing（漁業）には含まれない）に限ろうとする動きが強固であったことである．アジェンダ 21 第 17 章では，保存および持続的利用の対象は海洋生物資源とされ，持続的利用の対象に鯨類資源も含まれているにもかかわらず，反捕鯨国からの参加者は，「1992 年当時は鯨類資源の状況は悪いとされていたので，アジェンダ 21 の記述でもそれら資源の利用は事実上認められなかったが，10 年経過して，資源状態が良いことが科学的に証明されうる鯨類資源も複数存在することから，同じ記述を認めると，鯨類資源の利用促進を認めることにつながる」などとして反対であるとしていた．日本からの参加者としては，他の国々とも協調しつつ，アジェンダ 21 に照らして魚類資源と鯨類資源とを区別して扱うことは妥当でないと主張し続けた．結局，パラグラフ 30（b）で「海洋生物資源の持続的利用と保存」に言及することにより，本実施計画でもアジェンダ 21 と同様の扱いとなった．

　次に，パラグラフ 32（c）の海洋保護区の設置については，国際法に整合し科学的情報に基づくとの条件が最終的に付されたが，元々は，国の管轄権が及ぶ水域（排他的経済水域など）のみならず，公海上にも無条件で漁獲禁止区域を設けることを意図している国が多く，その意向が反映されていた案を基に議論が始まり，修正は容易ではなかった．特に，他国の環境保護部局からの参加

者は，毎年，数を決めて海洋保護区を作っていきたいとの意向を示し，必要性に迫られてというよりは，設置数を増やしていくこと自体を目的化しているようであった．

これらは，今後とも国際的な議論において困難が想定される分野である．

　謝　辞

　このシリーズの基となった養殖海域の環境収容力評価の現状と方向についてのシンポジウムにおいて講演の機会を与えて下さった古谷　研氏に対しここに心よりお礼を申し上げます．

文　献

1 ）山田　久：水産と環境（清水　誠編），恒星社厚生閣，1994，pp.59-71.

2 ）柴垣泰介：水圏環境保全と修復機能（松田　治・古谷　研・谷口和也・日野明憲編），恒星社厚生閣，2002，pp.17-31.

3 ）水産庁：水産基本法のあらまし　付・水産基本法関連法の概要.

4 ）水産庁漁政部企画課：水産基本計画のあらまし，pp.1-18.

5 ）長畠大四郎：水産食品の安全・安心対策

（阿部宏喜・内田直行編），恒星社厚生閣，2004，pp.29-45.

6 ）伊集院兼丸：水圏環境保全と修復機能（松田　治・古谷　研・谷口和也・日野明憲編），2002，恒星社厚生閣，pp.9-15.

7 ）鈴木輝明：水圏環境保全と修復機能（松田　治・古谷　研・谷口和也・日野明憲編），2002，恒星社厚生閣，pp.86-105（2002）

8 ）水産庁：平成16年度水産白書，農林統計協会，2005，270pp.

出版委員

青木一郎　落合芳博　金子豊二　兼廣春之
櫻本和美　左子芳彦　瀬川　進　中添純一
埜澤尚範　深見公雄

水産学シリーズ〔150〕　　　　　定価はカバーに表示

養殖海域の環境 収容力

Environmental carrying capacity in mariculture grounds

平成 18 年 3 月 25 日初版発行
平成 26 年 3 月 31 日 2 刷発行

編　者

古谷　研
岸道郎
黒倉寿
柳哲雄

監　修　社団法人 日本水産学会

〒 108-8477　東京都港区港南　4-5-7
東京海洋大学内

発行所　　〒 160-0008
東京都新宿区三栄町 8
Tel 03 (3359) 7371
Fax 03 (3359) 7375
株式会社 恒星社厚生閣

© 日本水産学会, 2006. 印刷・製本　シナノ

出版委員

青木一郎　落合芳博　金子豊二　兼廣春之
櫻本和美　左子芳彦　瀬川　進　中添純一
埜澤尚範　深見公雄

水産学シリーズ〔150〕
養殖海域の環境収容力（オンデマンド版）

2016年10月20日発行

編　者　　古谷　研・岸　道郎・黒倉　寿・柳　哲雄
監　修　　公益社団法人日本水産学会
　　　　　〒108-8477　東京都港区港南4-5-7
　　　　　　東京海洋大学内

発行所　　株式会社 恒星社厚生閣
　　　　　〒160-0008　東京都新宿区三栄町8
　　　　　TEL 03(3359)7371(代)　FAX 03(3359)7375

印刷・製本　株式会社 デジタルパブリッシングサービス
　　　　　URL http://www.d-pub.co.jp/

Ⓒ 2016, 日本水産学会　　　　　　　　　　　　　　　AJ794

ISBN978-4-7699-1544-7　　　　Printed in Japan
本書の無断複製複写（コピー）は，著作権法上での例外を除き，禁じられています